高等院校本科生
优秀城市设计作品集

——北京林业大学园林学院

李　翅　董晶晶　等 编著

中国建材工业出版社

图书在版编目（CIP）数据

高等院校本科生优秀城市设计作品集 ：北京林业大
学园林学院 / 李翅等编著． -- 北京 ：中国建材工业出
版社，2019.5 （2020.1 重印）
　ISBN 978-7-5160-2552-9

　Ⅰ．①高… Ⅱ．①李… Ⅲ．①城市规划－建筑设计－
作品集－中国－现代 Ⅳ．① TU984.2

　中国版本图书馆 CIP 数据核字（2019）第 084729 号

高等院校本科生优秀城市设计作品集——北京林业大学园林学院
Gaodeng Yuanxiao Benkesheng Youxiu Chengshi Sheji Zuopinji——Beijing Linye Daxue Yuanlin Xueyuan
李　翅　董晶晶　等 编著

出版发行 中国建材工业出版社
地　　　址：北京市海淀区三里河路 1 号
邮政编码：100044
经　　销：全国各地新华书店
印　　刷：北京天恒嘉业印刷有限公司
开　　本：889mm×1194mm　1/16
印　　张：10.75
字　　数：150 千字
版　　次：2019 年 5 月第 1 版
印　　次：2020 年 1 月第 2 次
定　　价：**88.00 元**

本社网址：www.jccbs.com，微信公众号：zgjcgycbs
请选用正版图书，采购、销售盗版图书属违法行为
版权专有，盗版必究。本社法律顾问：北京天驰君泰律师事务所，张杰律师
举报信箱：*zhangjie@tiantailaw.com*　举报电话：（010）68343948
本书如有印装质量问题，由我社市场营销部负责调换，联系电话：（010）88386906

城市空间的研究、构思与意象

——城市设计教学十年回顾与展望

　　"教育部高等学校城乡规划专业教学指导分委员会"组织的城市设计作业评优旨在推动全国高等学校城乡规划专业本科生的交流，提高专业整体水平。北京林业大学从2009年开始参加，到今年正好十年。

　　在这十年里，我们经过了从四年制到五年制的学制调整，从1个教学班到2个教学班的调整，教学体系逐步完善，教学质量不断提升。2009—2018年共有18份城市设计作业获奖。回顾这十年同学们的优秀城市设计作业，可以直观感受到，同学们在城市设计的思路表达、研究能力、成果内容上的整体提升和巨大进步，也给我们提供了一次很好的回顾审视机会，进一步明确了我们城市设计教学坚持探索的决心和未来的方向。

　　在这十年里，我们一直坚持关注身边事。引导学生脚踏实地，从了解生活环境入手，发现城市问题，感受城市温度，逐步形成对城市规划、城市发展的系统认知。北京作为国家首都，千年古都，具有深厚的历史积淀和文化内涵，其复杂性、多样性为课程设计提供了丰富的选题。见微知著，从北京的胡同、老街到工业遗产，引导学生亲身调查体验、了解认识实际地段、学习实际项目的规划设计过程，使学生建立正确的规划价值观，对城市的历史、文化，对城市的人、事、物，对城市的一草一木，怀有一颗敬畏之心。

　　在这十年里，我们一直坚持与时俱进。遵循城市规划从实践中来到实践中去的学科特点，在教学中时刻关注城市的发展规律和政策走向，关注热点问题，引导学生从基础的物质空间梳理，向关注人的行为与需求及注经济、社会、文化不同领域拓展，形成兼容并蓄、开放学习的知识体系。使"共享""共生""驱动""发现"等以社会文化、经济生活为内核的思想理念逐步成为学生们观察、理解、解决城市物质空间问题的出发点。

　　未来，随着规划体系改革的不断深入，教学探索也将不断改进，立足空间规划，扩展课题广度，拓进研究深度，推动从理论研究到规划实践的融会贯通、知行合一。

　　未来，随着规划学科建设的不断完善，教学探索也将不断创新，立足园林学院，发挥专业特色，加强体系融合，推动城市规划与景观设计的协同实践、相互促进。

　　未来，随着首都城市发展建设迈上新台阶，教学探索也将不断提升，立足北京实际，紧密对接城市需求，深度融入城市治理，推动从技术蓝图到实施政策的转化应用，为首都的规划建设贡献智慧。

　　城市规划设计课程是贯穿北京林业大学城乡规划专业三年级和四年级的专业核心课程，从三年级的居住区规划设计、城市公共空间规划设计到四年级的城市总体规划设计、城市历史地段规划设计，随着地段范围的扩展以及地段内功能、人群的多样化，问题的复杂化，学生们的规划设计方法、思路、方案表达技能也得到了不断的锤炼打磨。

本册优秀城市设计作品集来自于三年级（四年制时期）和四年级下学期"城市历史地段规划设计"的部分学生作业，这次城市设计作业安排在本科学生第4次城市规划设计课程，可以说是对前3个学期城市规划设计课程学习成果的总结。同时也是对学生综合应用城乡规划原理、城市设计概论、社会学、经济学、系统工程、道路交通等理论课程能力的检验。作业成果虽为4张图纸，却凝聚着全系老师4年来共同的努力。尤其是直接参加城市设计作业竞赛指导的老师，他们是：李翅、董晶晶、曹珊、达婷、于长明、徐桐、钱云，以及参加其他规划设计阶段教学的老师们，他们在教学过程中不断创新，与时俱进，带领学生向未知的领域探索。

这本书更是北京林业大学城乡规划系历届学子的成果，是他们踏实认真、勤于思考、勇于实践的态度保证了方案的深入和完善。在本书出版之际，再次联系历届同学，他们积极、认真的态度一如既往。因为，我们都一样为曾经的努力而骄傲，也坚信我们将共同拥有美好的未来！

城市设计获奖作品列表（2009—2018 年）

编号	获奖等级	参赛题目	参加学生	指导老师	班级
1	三等奖	智·享3.0——基于共享理念的751创新园区再升级	吴文杰 刘艳林	李翅　董晶晶 于长明　徐桐	城规14
2	三等奖	发现东雍——北京雍和宫东部历史街区更新改造设计	董雨菲 郑巧依	李翅　徐桐 董晶晶　于长明	城规14
3	三等奖	模范儿——模式口历史街区更新改造设计	邢子博 赵倩羽	李翅　于长明 达婷　徐桐	城规13
4	佳作奖	城市HELIX TRIPLE三螺旋——北京长河五塔寺地段更新改造设计	彭丹麓 曹靖	李翅　徐桐 达婷　于长明	城规13
5	佳作奖	愈·和——首钢后备检修区绿色城市更新	王璐瑶 魏思静	李翅　达婷 徐桐　于长明	城规13
6	佳作奖	晕染街区——前门东区历史地段城市设计	崔嘉慧 佟昕	李翅　于长明 徐桐　达婷	城规12
7	佳作奖	延脉——以传统院落更新为驱动的北京鲜鱼口社区营造设计	林源 郑依彤	李翅　徐桐 于长明　达婷	城规12
8	佳作奖	城市聚光灯——北京电影制片厂历史地段更新设计	许舒涵 周娅茜	李翅　达婷 于长明　徐桐	城规12
9	二等奖	胡同趣哪儿——带动共享共生的长辛店历史地段城市设计	王芳 杨青清	李翅　董晶晶 徐桐	城规11
10	佳作奖	绿色生长脊——奥运公园东区城市设计	付歌 董南希	李翅　曹珊 董晶晶　钱云	城规09
11	佳作奖	城市叶脉——创新与生态导向六郎庄复兴设计	杨一群 付喆	李翅　曹珊 钱云　董晶晶	城规09
12	佳作奖	道·影——首钢二通机械厂部分地区改造	侯硕 邢晓娟	李翅　曹珊 达婷　董晶晶	城规08

编号	获奖等级	参赛题目	参加学生	指导老师	班级
13	佳作奖	通脉·兴街——北京香山买卖街旧区改造规划设计	杨雯 董悠悠	李翅 曹珊 钱云 达婷	城规08
14	佳作奖	煤香街——北京香山煤厂街更新设计	翟俊 田燕国	李翅 曹珊 钱云 达婷	城规08
15	佳作奖	历久弥新——岳阳楼—北城门地区城市设计	冯霁飞 郑泥	李翅 钱云	城规07
16	佳作奖	缝合——历史城区的"疗伤"之道	景璨 朱斯斯	李翅 钱云	城规07
17	佳作奖	解构·重塑——北京什刹海历史街区城市更新设计	罗娅婷 王为	李翅 钱云	城规07
18	优秀奖	似水流年——基于安全模式的景山西片城市设计	陈笑凯 张琬	李翅 达婷	城规06

编著者

2019 年 5 月

目 录

CONTENTS

城乡规划14级

智·享3.0——基于共享理念的751创新园区再升级

吴文杰 刘艳林（三等奖）

发现东雍——北京雍和宫东部历史街区更新改造设计

董雨菲 郑巧依（三等奖）

琉光·璃彩——基于地方认同理念下的琉璃渠村活化设计

高富丽 陶梦琦

任 务 书

1 选题背景

北京751创意产业区（以下简称751）位于北京朝阳区，与798艺术区相连，是北京正东电子动力集团有限公司（原751厂）于2006年在退出生产的厂房基础之上建设的，厂房和机械设备得到了较为妥善的保存。

751的更新改造是现阶段北京工业遗产保护利用的典型案例，区别于早期798艺术区自下而上，开始以艺术家吸引，后期政府管理介入的"渐进式"改良模式，751工业遗产的转型采用的是以政府引导、企业为主的模式，改造周期短、力度大，空间发展有明确的指向。经过近12年的更新改造，751创意产业区内的建筑和空间改造大部分已完成，且有足够的相关机构入住，但依然存在很多不尽如人意的地方，如园区的内容、活力仍旧不足。

在当前产业升级、土地存量更新的背景下，工业历史地段的保护更新利用将是城市更新中重要的一环。调查了解751的更新改造历程，及时总结问题并提出应对思路，是对当前工业遗产保护更新主流方式方法的再思考，一方面有益于学生掌握工业历史地段最新的规划设计思路和方法，另一方面也有益于引导学生扩展思路，以展望的眼光来思考工业历史地段的保护和更新工作。

2 规划设计范围

场地位于北京市东北区域。

从更好地解决系统性问题出发，课程制定了场地选择的大区域，学生根据调查中发现的不同问题，有针对性地从大区域范围内选择制定具体规划设计地段，地段规模10~30公顷（图1）。

场地选择的大区域范围如下：北以酒仙桥北路为界，南以万红路为界，西至798艺术区内的707街，东至驼房营路。形成以751创意产业园区为中心，东西适当扩展的空间范围。

图 1　规划场地可选择区域

3　设计思路要求

深入了解和分析 751 创意产业园区在工业遗产保护、空间利用、交通组织、景观设计等方面的现状问题，围绕"智慧、包容、复兴"的主题，提出规划策略和规划设计方案。

4　设计任务要求

优化现有功能和交通组织，提升园区影响力和活力。

优化工业遗产保护和利用的方式方法，展现地区特色，促进现代生活与传统工业空间的协调融合。

优化公共空间及公共环境，营造具有特色、充满活力的公共活动场所。

5　设计成果要求

成果内容应包括四部分：规划地段现状分析；规划策略阐释；规划方案表达和效果图展示。

图纸要求：A1 图纸 4 张。

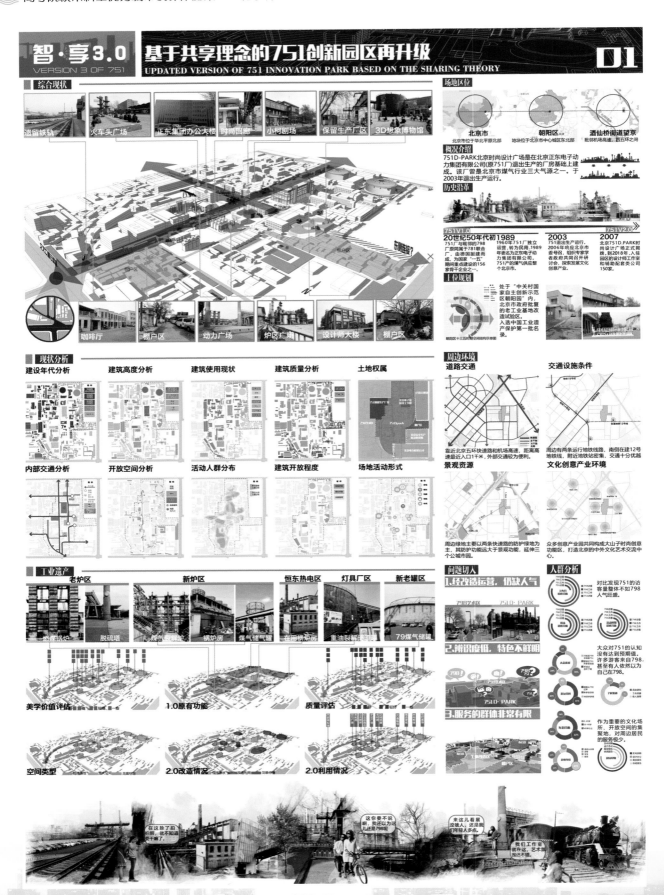

智·享3.0
VERSION 3 OF 751
基于共享理念的751创新园区再升级
UPDATED VERSION OF 751 INNOVATION PARK BASED ON THE SHARING THEORY

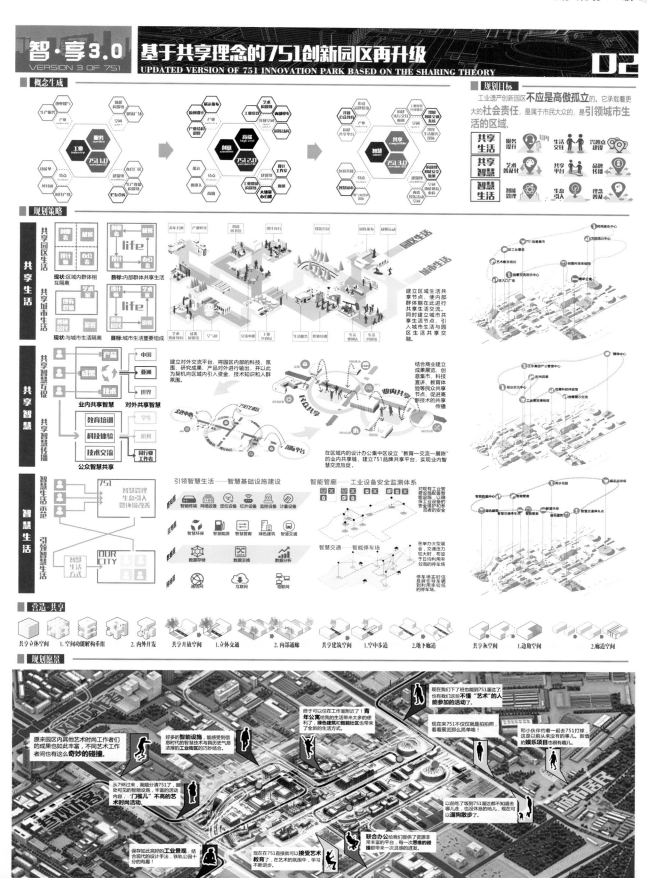

概念生成

规划目标

工业遗产创新园区**不应是高傲孤立**的,它承载着更大的**社会责任**,是属于市民大众的,是**引领城市生活的区域.**

规划策略

共享生活

共享智慧

智慧生活

营造·共享

规划愿景

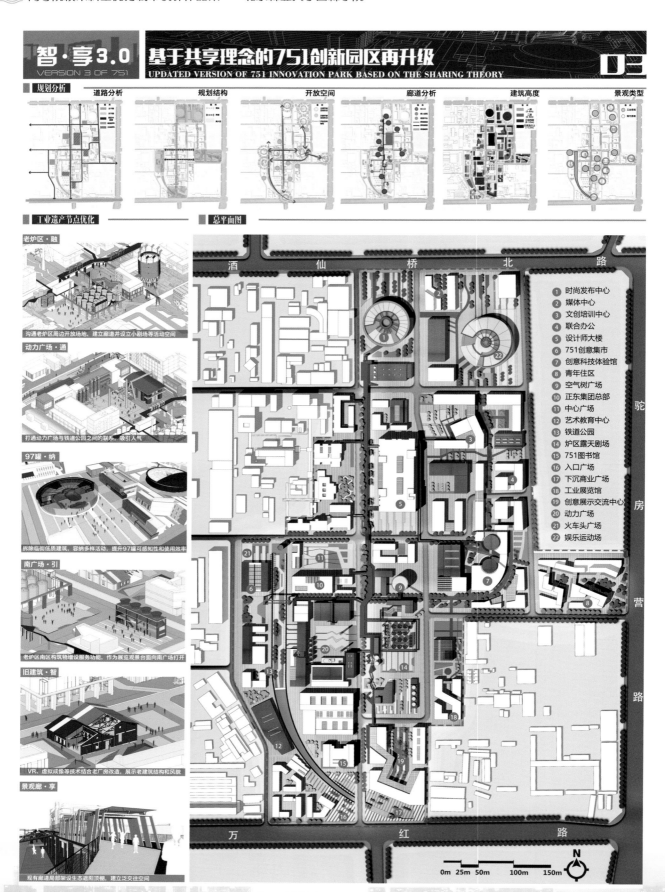

智·享3.0
VERSION 3 OF 751

基于共享理念的751创新园区再升级
UPDATED VERSION OF 751 INNOVATION PARK BASED ON THE SHARING THEORY

D3

规划分析

| 道路分析 | 规划结构 | 开放空间 | 廊道分析 | 建筑高度 | 景观类型 |

工业遗产节点优化

老炉区·融

沟通老炉区周边开放场地，建立廊道并设立小剧场等活动空间

动力广场·通

打通动力广场与铁道公园之间的联系，吸引人气

97罐·纳

拆除临街低品质建筑，容纳多样活动，提升97罐可感知性和使用效率

南广场·引

老炉区南区构筑物增设服务功能，作为展览观景台面向南广场打开

旧建筑·智

VR、虚拟成像等技术结合老厂房改造，展示老建筑结构和风貌

景观廊·享

现有廊道局部架设生态遮阳顶棚，建立泛交往空间

总平面图

酒 仙 桥 北 路

1 时尚发布中心
2 媒体中心
3 文创培训中心
4 联合办公
5 设计师大楼
6 751创意集市
7 创意科技体验馆
8 青年住区
9 空气树广场
10 正东集团总部
11 中心广场
12 艺术教育中心
13 铁道公园
14 炉区露天剧场
15 751图书馆
16 入口广场
17 下沉商业广场
18 工业展览馆
19 创意展示交流中心
20 动力广场
21 火车头广场
22 娱乐运动场

驼 房 营 路

万 红 路

0m 25m 50m 100m 150m

N

智·享3.0
VERSION 3 OF 751

基于共享理念的751创新园区再升级
UPDATED VERSION OF 751 INNOVATION PARK BASED ON THE SHARING THEORY

鸟瞰图

共享生活

青年住区

在场地东侧建立青年公园，为园区内的艺术家和工作者提供生活交流平台

铁道公园

将沿铁道的停车场改造为开放公园，增强南入口的可达性和开放性

动力广场

打造动力广场与铁道公园，增加开放性与共享性

共享智慧

联合办公

建立联合办公，为园区内艺术工作者们提供资源共享、信息交流的平台

创意展示交流中心

南入口下沉商业广场与创意展示交流中心，人流分流，增加活力，促进智慧交流

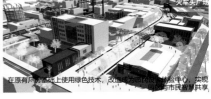

火车头广场

在原有厂房基础上使用绿色技术，改造成为市民体验中心，实现园区与市民智慧共享

智慧生活

将工业管廊与智能设施相结合，提供空气、温度、降雨、交通等环境监测信息，示范智慧生活，引领智慧生活

炉区广场

借鉴西班牙"空气树"储气罐生态改造方式，调整局部微气候，引领市民生态智慧生活

空气树

炉区剧场

任 务 书

💧 1 选题背景

北京古城范围内历史街区众多，在《北京城市总体规划（2016—2035 年）》中，提出了北京的特色应为"首都风貌、古都风韵、时代风貌"，历史文化保护区在街巷尺度的城市更新设计应体现上述规划思想。1990 年，北京市人民政府公布第一批共二十五片历史文化保护区，其中"国子监地区"历史文化保护区以雍和宫大街为分界，东部半区既有雍和宫、柏林寺等全国重点文物保护单位，也有民国时期"炮局"等相关遗迹，历史文脉遗存丰富；但现状的机关大院、高层建筑等对街区肌理和尺度破坏严重，而街巷老龄化、基础设施滞后等现象使得街区历史环境杂乱，发展活力不足。

近年来，北京古城更新中出现了"街巷更新责任规划师""社区参与的街区微更新"等创新模式，吸引设计机构、社会团体参与到传统历史街区的保护更新计划之中。以城市设计为依托，探讨作为公共政策引导历史街区环境提升、居民生活水平改善、历史地段价值彰显等多方面共赢的目标。基于此，本课程选择地段历史价值突出、空间及社会问题复杂的北京"雍和宫"历史文化街区，以"古城历史街区"有机更新为城市改造设计目标，要求掌握历史地段及街区更新设计的理论、方法，了解政府、公众、设计单位在规划设计中的角色、作用，培养以"城市设计"为公共政策手段的多赢性城市更新发展观念，促进学生专业素质全面发展。

💧 2 规划设计范围

本次城市设计课程指定"雍和宫"历史文化保护区大范围，由学生依据设计切入点，选取最符合"城市设计"全面提升街区价值基本理念的地块，同时兼顾地块原有肌理和地块完整性基础上，结合地区文化价值、土地权属、空间规模、文保单位和历史建筑分布等因素，选取 30 公顷范围内地块作为课程设计用地。

本次课程设计要求从图 1 范围中选取不大于 30 公顷的地段作为规划设计范围（图 2）。

💧 3 设计思路要求

以物质空间改造为手段，探索城市设计作为公共政策手段，解决历史街区保护更新面临的综合性问题，采取全面、系统的措施，在保持原有风貌的基础上，增强对城市改造地段的理解和感悟，以局

图 1　设计用地区位图　　　　2　雍和宫规划设计范围（图中方框范围）

部更新、肌理再现的包容性改造思路，因地制宜地更新基础设施、改造原有建筑，引导城市发展与经济、社会发展重新走向协调新状态。重点学习、探讨：

（1）如何以物质空间改造为手段、反映街区面临的综合性需求。

（2）如何以最小的代价换取历史街区价值的延续与社区的复兴。

（3）如何最大限度地保护旧城的民生和文脉。

💧 4　设计任务要求

（1）要求地块具体边界选择、设计主题研究反映街区现状、利益相关者综合性需求的研究与策略回应。

（2）历史街区改造更新要求保持现有整体空间格局，优化公共空间及公共环境，营造尺度宜人，具有特色的公共活动场所。

（3）对现有建筑需根据其价值进行保护、改造或重建，保护历史地段特色风貌，实现传统与现代、创新与传承的共生。

（4）挖掘和复兴历史地段地区核心文化，延续历史文脉，同时注入现代功能，引入多种业态，激活地区功能。

💧 5　设计成果要求

成果内容应包括四部分：规划地段现状分析；规划策略阐释；规划方案表达；效果图、分析图和节点放大图等展示。

图纸要求：A1 图纸 4 张。

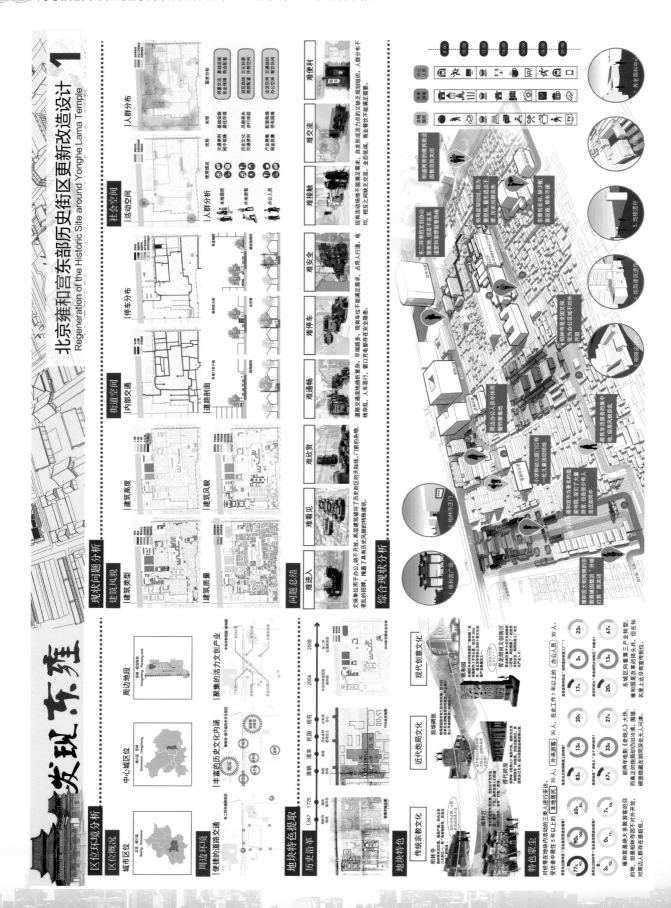

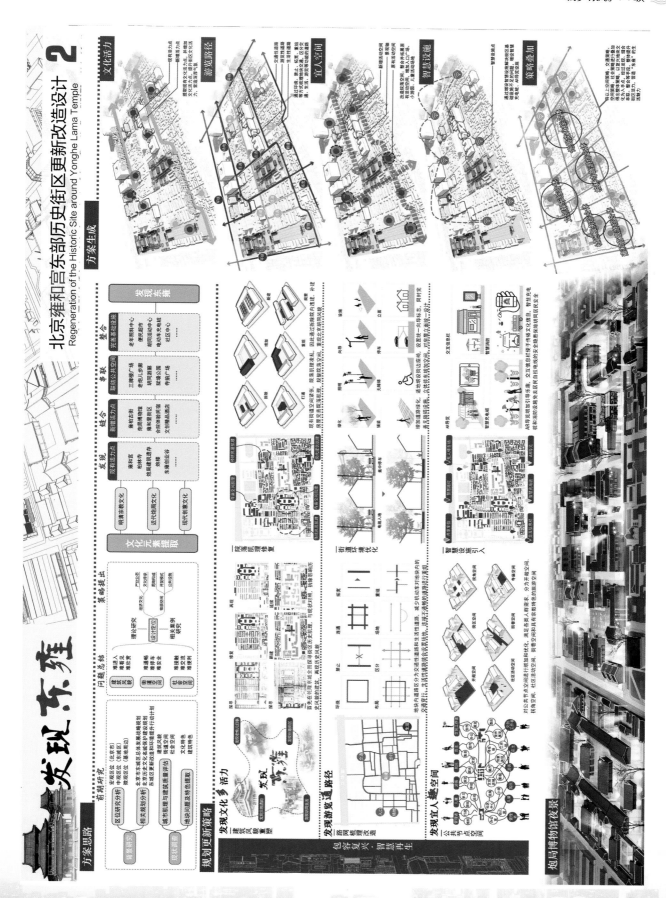

发现东雅

北京雍和宫东部历史街区更新改造设计

Regeneration of the Historic Site around Yonghe Lama Temple

2

发现东雍

北京雍和宫东部历史街区更新改造设计 4

Regeneration of the Historic Site around Yonghe Lama Temple

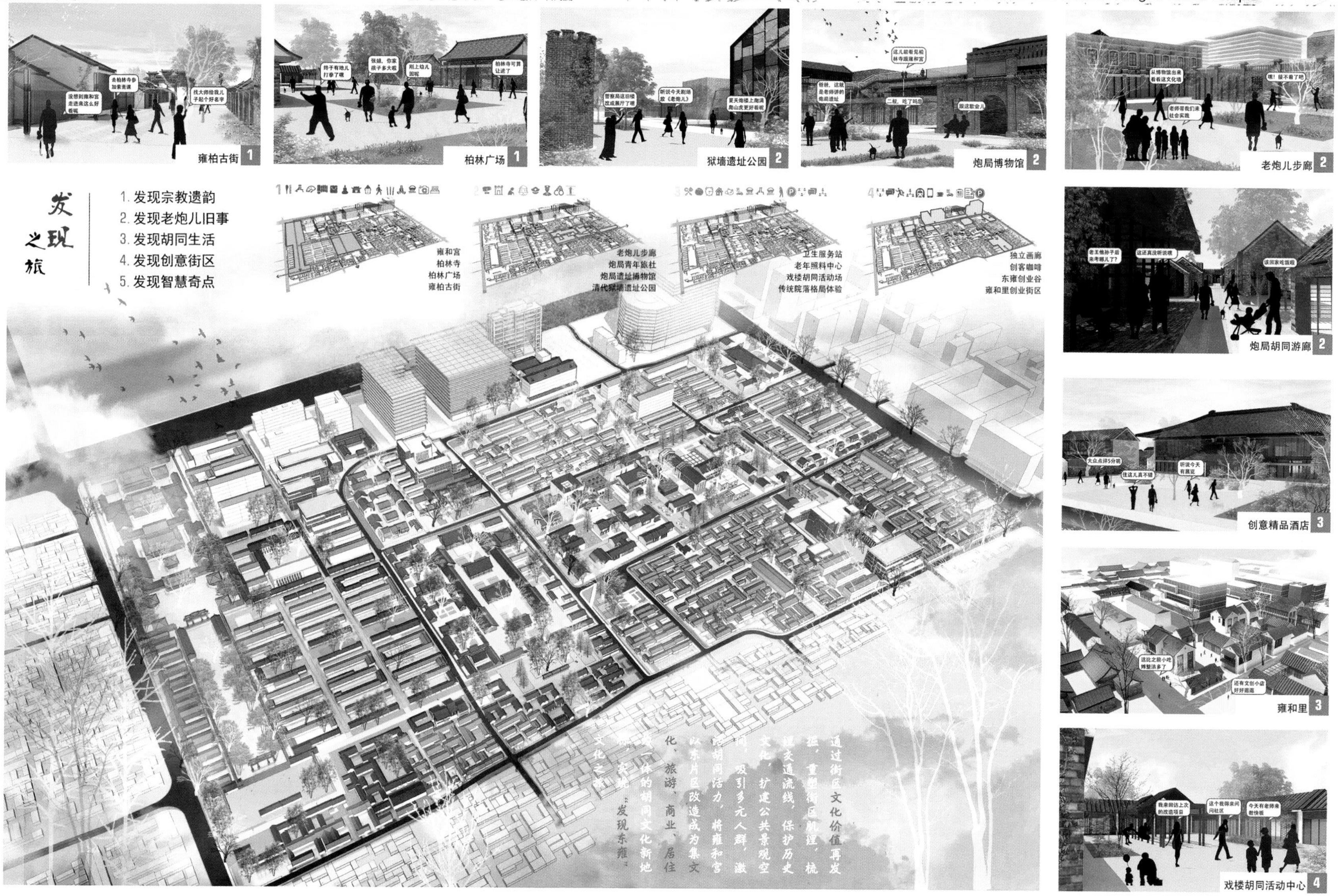

雍柏古街 1
柏林广场 1
狱墙遗址公园 2
炮局博物馆 2
老炮儿步廊 2
炮局胡同游廊 2
创意精品酒店 3
雍和里 3
戏楼胡同活动中心 4
发现之旅
1. 发现宗教遗韵
2. 发现老炮儿旧事
3. 发现胡同生活
4. 发现创意街区
5. 发现智慧奇点
雍和宫
柏林寺
柏林广场
雍柏古街
老炮儿步廊
炮局青年旅社
炮局遗址博物馆
清代狱墙遗址公园
卫生服务站
老年照料中心
戏楼胡同活动场
传统院落格局体验
独立画廊
创客咖啡
东雍创业谷
雍和里创业街区
通过街区文化价值再发掘，重塑街区肌理，梳理交通流线，保护历史文化，扩建公共景观空间，吸引多元人群，激活胡同活力，将雍和宫以东片区改造成为集文化、旅游、商业、居住为一体的胡同文化新地标，探索"发现东雍"文化之旅。

任 务 书

1 选题背景

北京琉璃渠村，位于门头沟区镇龙泉北部，背靠九龙山，面临永定河，依山傍水，景色宜人。全村 360 余户，1000 余人。从元代起，朝廷即在此设琉璃局，清乾隆年间北京琉璃厂迁至此地，后又修水渠至此，村子因此得名。琉璃渠村作为琉璃之乡而声名远扬，素有"中国皇家琉璃之乡"，入选第三批中国历史文化名村。与历史相对的现实则是传统琉璃技艺因环境保护压力、市场萎缩等原因日趋衰败，而周边村落改造使得大量流动人口涌入，各项基础设施短缺，现状医疗卫生设施主要为私营诊所，环卫设施（公厕等）数量不足，停车相对匮乏等问题日益显著。以日常生活类型的业态为主，缺少服务于外来人口和游客的相关业态。同时，交通不畅，道路分级体系不完善、人机非混行造成的交通不畅、步行交通网络缺失。

北京市政府、设计机构、社会团体也纷纷参与到传统村落和历史街区的保护更新计划之中，举办了相关的展览和论坛，获得了社会各界的广泛关注。这些规划探讨区域有机更新，并吸收优秀的团队及个人参与到协作设计平台中，为改善当地居民生活水平，传承历史地段价值，寻找新的经济活力模式。以此为契机，本次课程将北京门头沟区"琉璃渠"作为研究对象，以"传统村落"有机更新为城市改造设计目标，要求掌握历史地段及街区更新设计的理论、方法，了解政府、公众、设计单位在规划设计中的角色、作用，促进学生专业素质的全面发展。

2 规划设计范围

本次城市设计课程选择地块以历史街区原有肌理和地块完整性为依据，结合地区文化价值、土地权属、空间规模、文保单位和历史建筑分布等因素，选取琉璃渠村作为课程设计用地（图 1）。

设计用地区位及规划设计范围

本次课程设计要求从上图范围中选取不大于 30 公顷的地段作为规划设计范围。

3 设计思路要求

不仅反映物质空间改造需求，同时探索宏观性城市问题的解决，采取全面、系统的措施，在保持原有风貌的基础上，增强对城市改造地段的理解和感悟，以局部更新、整体改造的包容性这一思路，

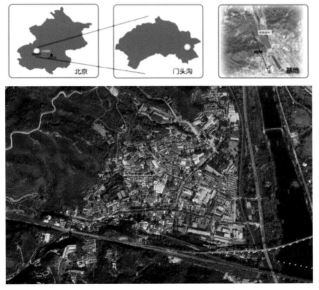

图 1　琉璃渠村现状

因地制宜地更新基础设施、改造原有建筑，引导城市发展与经济、社会发展重新走向协调新状态。重点学习、讨论：

（1）如何以最小的代价换取区域的复兴。

（2）如何最大限度地保护旧城的民生和文脉。

（3）如何平衡经济发展与环境需求。

4　设计任务要求

（1）历史街区改造更新要求保持现有整体空间格局，优化公共空间及公共环境，营造尺度宜人、具有特色的公共活动场所。

（2）对现有建筑需根据其价值进行保护、改造或重建，保护历史地段特色风貌，实现传统与现代、创新与传承的共生。

（3）挖掘和复兴历史地段地区核心文化，延续历史文脉；同注入现代功能，引入多种业态，激活地区功能。

5　设计成果要求

成果内容应包括四部分：规划地段现状分析；规划策略阐释；规划方案表达；效果图、分析图和节点放大图等展示。

图纸要求：A1 图纸 4 张。

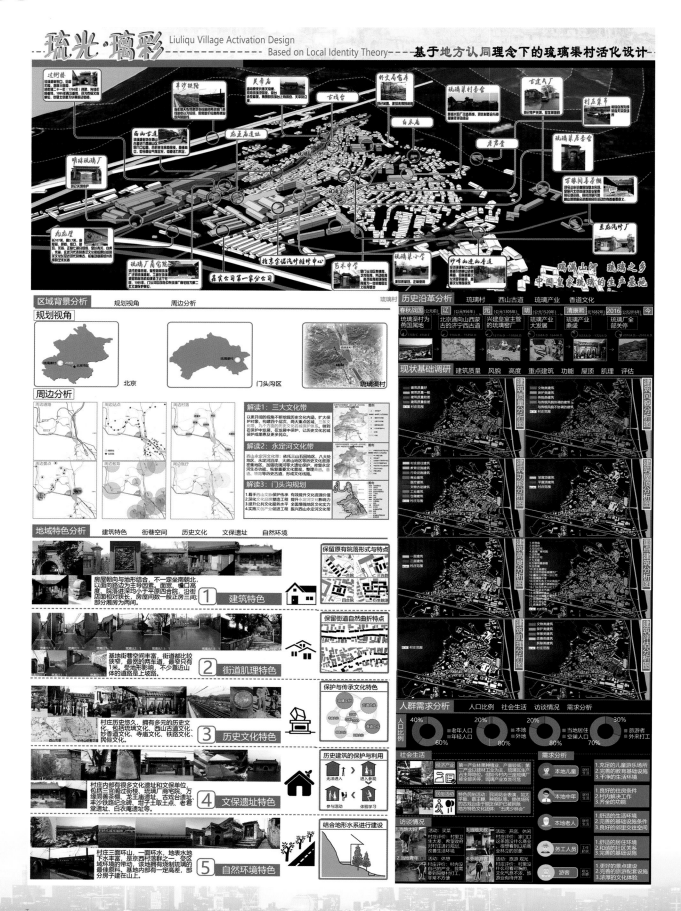

琉光·璃彩
Liuliqu Village Activation Design
Based on Local Identity Theory
基于地方认同理念下的琉璃渠村活化设计

基地问题分析
现状情况　问题提出　潜力分析　改造模式　改造目标

SWOT分析

	现状情况	问题提出	潜力分析	改造模式	改造目标
【民居】+【公建】建筑风貌	以传统一合院、二合院、三合院、四合院及及生院落为主的村民住宅 主要是指中小学、仓库、废弃工厂等	1.传统建筑保存不佳，建筑破败 2.存在闲置房产没有得到充分利用 3.很多临时厂房破败，存在安全隐患	闲置的厂房可以充分利用起来，建筑除要规则起来拆除规则其他用途，民居可以适当进行加建和重建	明珠琉璃厂建筑改造做成之，大面积厂棚房拆除使用 作成立建公共建筑	商业园区/创意园区/办公区/传统民居/公共建筑 融合
【小巷】+【主街】街巷空间	村内大部分的巷道都很窄，最窄约1米，宽的也只有3米 村内两条东西向的主街构成村庄的骨架，宽度约7米	1.村内机动车在狭窄的小道穿过，人车混行 2.村民缺少停车位，汽车占道存放问题严重 3.道路缺少人员清理，垃圾狗屎随处可见	闲置的空地、破损建筑拆除后的空间可以利用做集中停车，减少内部车辆与行人发生冲突	村口集中式停车场 路边停车位 健全	主要停车区/路边停车位 健全的停车体系
【公园】+【微空间】公共空间	指村口公园和健身等大型的能供人们很好地的场所 指街道两边的微小空间和参差形成的带状空间	1.公园设计不宜人使用，管理维护欠缺 2.微空间闲置，使用率低 3.村内缺乏公共空间，存在大量闲置用地	将闲置的空地以及微空间充分利用起来，弥补公共空间的缺乏	利用空间，串联重要节点形成重要节点，完善村子的公共空间体系	室外公园/内外交流空间 完善 微空间
【琉璃文化】+【历史文化】文化传承	京郊有名的琉璃之乡、皇家琉璃的供应基地 西山古道、妙峰山香道	1.年轻人不愿意学，琉璃技艺濒临失传 2.古道文化不再，历史道路没有很好保护 3.铁路景观未利用，铁路文化无人重视	文化遗址尚存，如通过政府引导，将来会吸引更多文化保护者来主动建设村子的创动力，游客来帮助文的传播	吸引文创艺术爱好者来入驻村庄，新村民的融入为村庄带来新的创动力，游客来帮助文的传播	新村民文化/琉璃文化/香道文化/古道文化 激活 水系文化

STRENGTH 优势
1.村庄现状的整体风貌保护较好，居民建筑大多数质量较好
2.村庄部分历史建筑保护较好，具有一定文化氛围
3.村庄依山傍水，自然条件优越
4.村庄位于主干道旁，有三条铁路干线经过，交通便利

WEAKNESS 劣势
1.部分历史建筑如厂商宅院、万缘同善茶棚由于缺乏维护存在建筑结构老化、衰败等问题
2.村庄公共服务设施不足
3.村庄绿地和公共活动地未完善
4.交通市政基础设施有待完善

OPPORTUNITY 机遇
1.北京市最新版的总规对于历史名镇名村加强保护与控制力度不够，将会对村庄的传统风貌带来负面影响
2.村庄文化底蕴丰厚，历史资源可以有效开发
3.村庄处于京西古村落群，受区域带动作用大

THREAT 挑战
1.随着新建改建建筑的不断增多，如果对村庄的传统风貌带来负面影响
2.村庄内琉璃厂和瓦厂对村庄污染较严重，研发新技术是关键

规划概念定位
题目解读　题目概念演绎

题目解读
"琉光·璃彩"具有三重含义：1.琉璃本身发出的彩光2.村庄文化焕发的光彩3.村庄建设焕发光彩的心愿

历史上 》 现状 》 问题总结
皇家琉璃供应 文化之"衰" 时
西山古道 产业之"变" 空间缺失
妙峰山香道 空间之"弃"

居住：原著老村民/文创者、艺术家 地方认同 创作
体验：务工短租人员/游览观光者 地方认同 光光璃彩

题目概念演绎
宏观背景/微观条件/规划方案 定位
门头沟繁华底蕴之所在/京西古村落之明珠/北京市琉璃修补备至军 文化圣地/创意古村/琉璃基地
外部需求/内部分析/目标定位
职住平衡/物质实体/新旧产业结合 概念 充分利用村庄自有资源，最大限度地保存历史资源，适当植入新的产业和功能，来增强群众的地方认同感
社会 公共空间 创造 活力新生 适宜人居环境
文化 文化传承 延续 历史遗迹 文脉延续承载体
目标一 提高村庄人居环境 / 目标二 文化复兴与活化 / 目标三 经济产业蓬勃发展

加强地方认同

策略模式解读
改造模式　策略提出

改造模式：建筑改造/空间整合/功能提升/产业融合/文脉延续
设计目标：文创基地/艺术古村/体验旅游/文化圣地/活力社区

政府牵头 + 艺术家文人创客深度参与 + 村民跟进

具体策略实施
建筑改造　空间营造　功能提升　产业融合　文脉延续

1 改造建筑更实用
建筑改造的原则：保留原机理，添加新体块块添加新功能，提升地方认同感

沿着建筑呆板，缺乏活动空间 / 增加活动空间，满足人群需求 / 山墙错动，增强沿街建筑变化

7.8	9.3	4.9	11.2	11.2	13.2	6.8	16
一字型	折线型	二字型	L字型	U字型	回字型		成章

2 营造空间更趣味
空间营造的原则：空间尺度适宜，空间为何方式多样，满足不同人群的需求，提升地方认同感

空间组织模式
连续空间模式——增强文化展示联系
院落空间模式——增强文化展示趣味
停留空间模式——提供展示交流场所

空间尺度模式
单条机理——整齐院落
多条机理——组合院落

【文化体验路径】【技艺传承路径】【生活服务路径】
【宏观绿地现状】【闲置地改造成节点】【赋予节点不同功能】【串联—绿地体系】

3 植入功能更完备
功能提升的原则：在考虑到实际情况的条件下，尽可能丰富村庄功能，提升地方认同感
【功能单一】现状功能只有居住和观光
【功能复合】
【功能植入】植入一些服务于村庄的新村民及游客的功能

名家艺术作品展 / 露天市场 / 戏台剧场 / 室外展场 / 休憩广场 / 活动广场

4 引入业态更契合
产业融合的原则：充分发展内部产业，并引进外来产业

体验旅游 / 文化展示 / 民宿经营 / 戏曲表演

5 地方文化得延续
文化"活"起来，先恢复后传承，让

记忆节点及现状分布图
历史文化修复 / 历史文化传承 / 历史文化保护

东立面图
琉璃文创产业基地 / 琉璃博物馆 / 村民记忆区 / 过街楼 / 琉璃民居 / 琉璃实习基地 / 龙王庙 / 公共书院 / 民俗会馆 / 村善会 / 艺术中学 / 万缘同善茶棚 / 琉璃公园

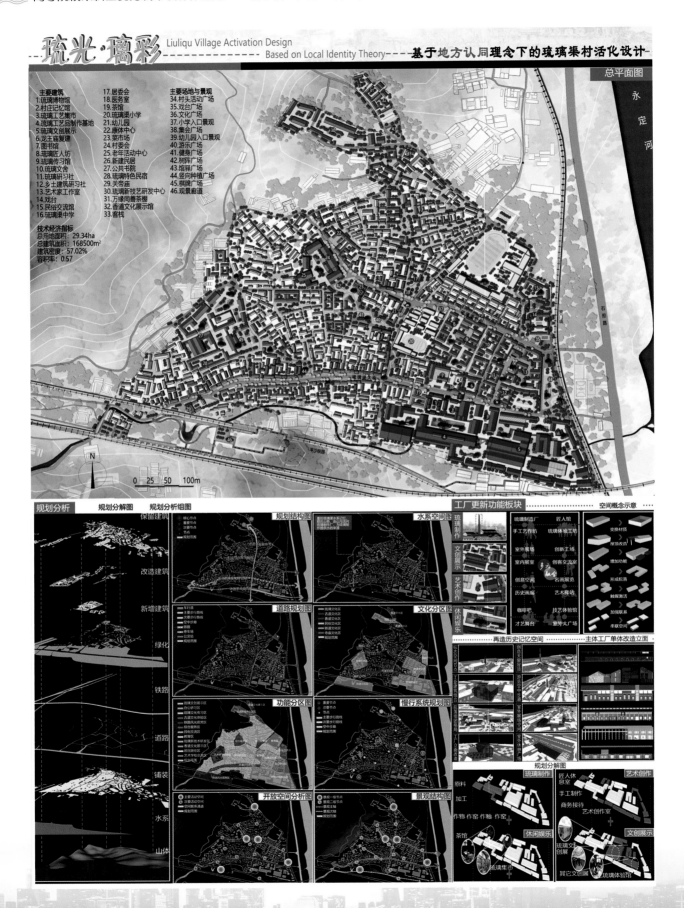

琉光·璃彩

Liuliqu Village Activation Design
Based on Local Identity Theory
基于地方认同理念下的琉璃渠村活化设计

城乡规划13级

模范儿——模式口历史街区更新改造设计

邢子博　赵倩羽（三等奖）

城市HELIX TRPLE三螺旋——北京长河五塔寺地段更新改造设计

彭丹麓　曹　靖（佳作奖）

愈·和——首钢后备检修区绿色城市更新

王璐瑶　魏思静（佳作奖）

任 务 书

◈ 1 选题背景

北京模式口大街历史文化保护区，是北京市公布的第二批历史文化保护区。地区有国家级文保单位法海寺、承恩寺，市级文保单位田义墓、第四纪冰川擦痕陈列馆。随着时间推移，模式口城镇格局消失——以日常生活类型的业态以及部分低端业态为主，整体上以服务本地居民为主，缺少服务外来游客的相关业态。同时，交通不畅：道路分级体系不完善、人机非混行造成的交通不畅、步行交通网络缺失；设施短缺：现状医疗卫生设施主要为私营诊所、环卫设施（公厕等）数量不足、停车相对匮乏等问题日益显著。

北京市政府、设计机构、社会团体也纷纷参与到历史地段和街区的保护更新计划之中，举办了相关的展览和论坛，获得了社会各界的广泛关注。这些规划探讨区域有机更新，并吸收优秀的团队及个人参与到协作设计平台中，为改善当地居民生活水平，传承历史地段价值，寻找新的经济活力模式。

以此为契机，本次课程将北京石景山区"模式口"历史文化保护区作为研究对象，以"历史街区"有机更新为城市改造设计目标，要求掌握历史地段及街区更新设计的理论、方法，了解政府、公众、设计单位在规划设计中的角色、作用，促进学生专业素质全面发展。

◈ 2 规划设计范围

本次城市设计课程选择地块以历史街区原有肌理和地块完整性为依据，结合地区文化价值、土地权属、空间规模、文保单位和历史建筑分布等因素，选取"模式口"街区作为课程设计用地（图1）。

本次课程设计要求从图1范围中选取不大于30公顷的地段作为规划设计范围（图2）。

◈ 3 设计思路要求

不仅反映物质空间改造需求，同时探索宏观性城市问题的解决，采取全面、系统的措施，在保持原有风貌的基础上，增强对城市改造地段的理解和感悟，以局部更新、整体改造的包容性改造思路，因地制宜地更新基础设施、改造原有建筑，引导城市发展与经济、社会发展重新走向协调新状态。重点学习、探讨：

（1）如何以最小的代价换取区域的复兴。

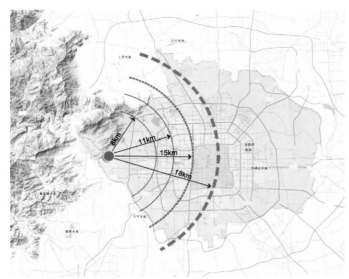

图 1　设计用地区位　　　　　　　　　图 2　模式口规划设计范围

（2）如何最大限度地保护旧城的民生和文脉。

（3）如何平衡经济发展与环境需求。

◈ 4　设计任务要求

（1）历史街区改造更新要求保持现有整体空间格局，优化公共空间及公共环境，营造尺度宜人，具有特色的公共活动场所。

（2）对现有建筑需根据其价值进行保护、改造或重建，保护历史地段特色风貌，实现传统与现代、创新与传承的共生。

（3）挖掘和复兴历史地段地区核心文化，延续历史文脉，同时注入现代功能，引入多种业态，激活地区功能。

◈ 5　设计成果要求

成果内容应包括四部分：规划地段现状分析；规划策略阐释；规划方案表达；效果图、分析图和节点放大图等展示。

图纸要求：A1 图纸 4 张。

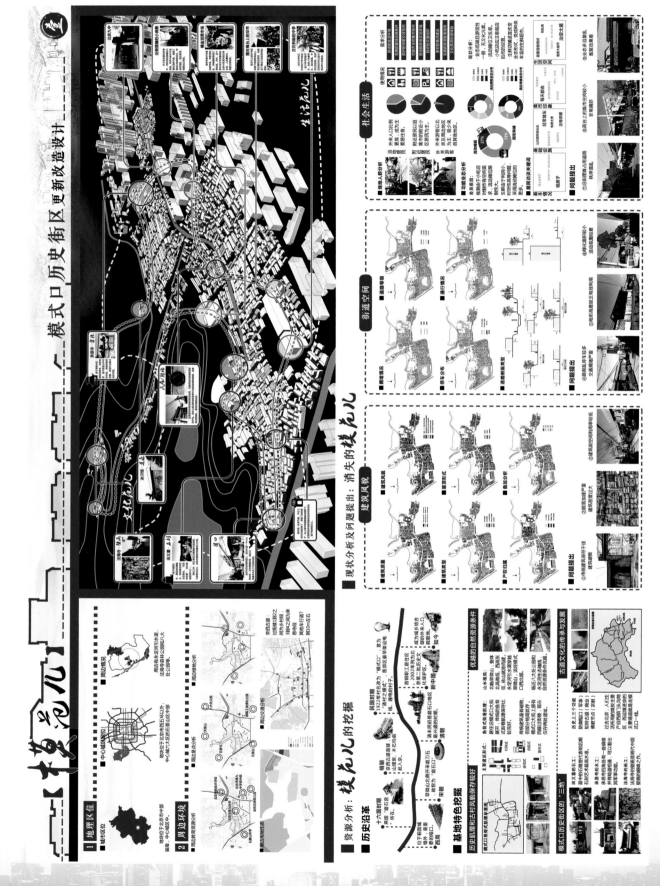

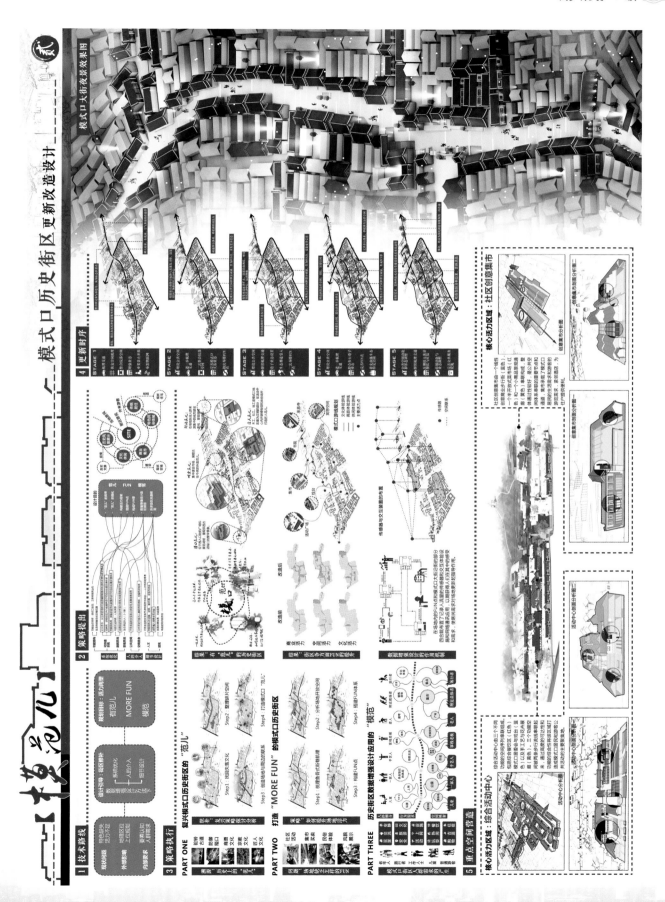

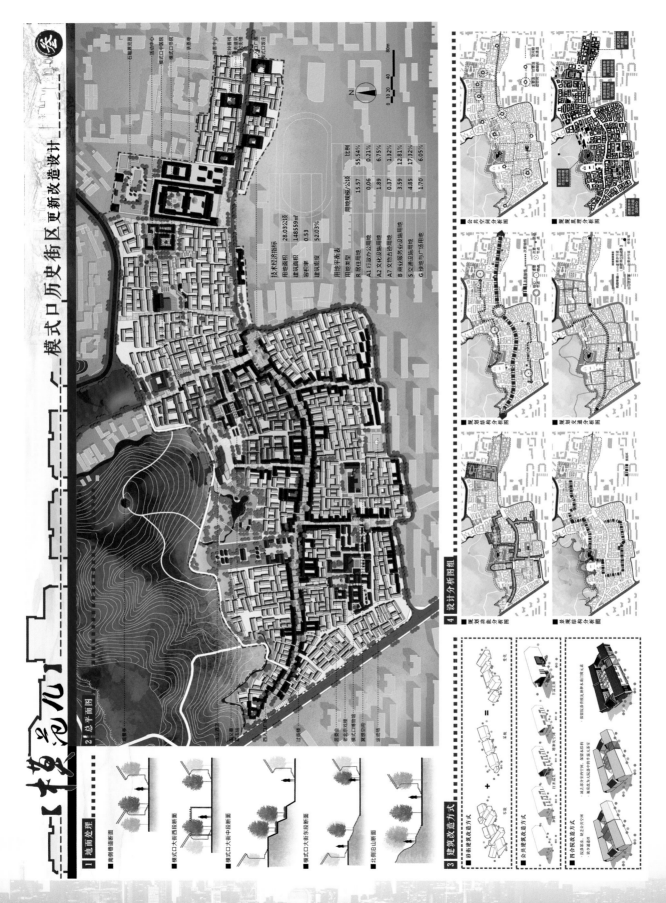

梦·筑心——横式口历史街区更新改造设计

1 效果展示

2 人群流线

3 鸟瞰图

4 生态修复

山体修复一：生态度假酒店

山体修复二：浅山生态公园

任 务 书

1 选题背景

北京城市发展出现不同热点问题，包括中心城区产业向外疏散、城市街区制改造、历史街区保护与复兴等。北京二环以内旧城及西山、运河、三山五园等历史要素逐渐淹没在中华人民共和国成立后的城市建设中，且随着不同历史阶段、不同用地功能的跳跃式建设，将原本连贯的历史要素割裂，使其丧失了原有的景观、空间联系功能。如何通过中微观尺度的城市设计作为公共政策，修补这些城市中的割裂地段，有效激活这些地块的活力成为政府、设计机构、社会团体的关注热点。近年来在北京涌现的"城南计划""白塔寺再生计划""首钢工业地块再生国际竞赛"等公共性展览、论坛和设计方案评选活动中引起了社会各界的广泛关注，通过探讨区域有机更新并吸收优秀的团队及个人参与到协作设计平台中，为改善当地居民生活水平，传承历史地段价值，寻找新的经济活力模式。

以此为契机，本次课程将北京"五塔寺及长河"地块这一"城市中心割裂地区"作为课程设计对象，探讨通过以城市设计手段挖掘长河作为历史要素，串联修补首都体育馆、动物园、五塔寺等不同类型地块被割裂的现状，要求掌握历史地段设计的理论、方法，了解政府、公众、设计单位在规划设计中的角色、作用，促进学生专业素质全面发展。

2 规划设计范围

本次城市设计课程选择地块以历史要素修补空间割裂地块的可行性为依据，结合地区历史沿革、土地权属、空间规模、文保单位和现状建筑分布等因素，选取"长河五塔寺"地段作为课程设计用地（图1）。

本次课程设计要求从特色地区中选取不大于30公顷的地段作为规划设计范围（图2）。

3 设计思路要求

不仅反映物质空间改造需求，同时探索宏观性城市问题的解决，采取全面、系统的措施，在保持原有的基本空间结构的基础上，增强对城市改造地段的理解和感悟，以局部更新、整体改造的包容性这一思路，因地制宜地更新基础设施、改造原有建筑，引导城市发展与经济、社会发展重新走向协调新状态。重点思考：

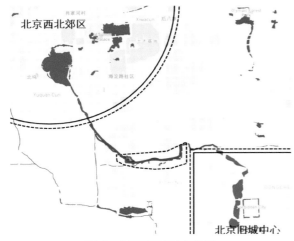

图 1　长河规划研究范围　　　　　　　　　　图 2　长河五塔寺地块设计范围

（1）如何以最小的代价换取设计地区的活力再生。

（2）如何最大限度地利用历史要素进行城市空间修补。

（3）如何利用北京冬奥会等城市发展契机，平衡大型公建空间瞬时需求与市民长久环境需求的关系。

4　设计任务要求

（1）修补城市被割裂地段要求重新挖掘长河等历史要素的特色风貌，并作为连接要素，串联激活割裂地块的整体性再生。

（2）对现有建筑需根据其功能、价值及现实可行性进行保护、改造或重建，更新城市地块功能，并延续历史文脉；对棚户区注入现代功能，激活地区功能。

（3）保持大型公建的整体空间格局，结合北京冬奥会等城市发展契机，优化被割裂的公共空间及公共环境，营造尺度宜人，具有特色的公共活动场所。

5　设计成果要求

成果内容应包括四部分：规划地段现状分析；规划策略阐释；规划方案表达；效果图、分析图和节点放大图等展示。

图纸要求：A1 图纸 4 张。

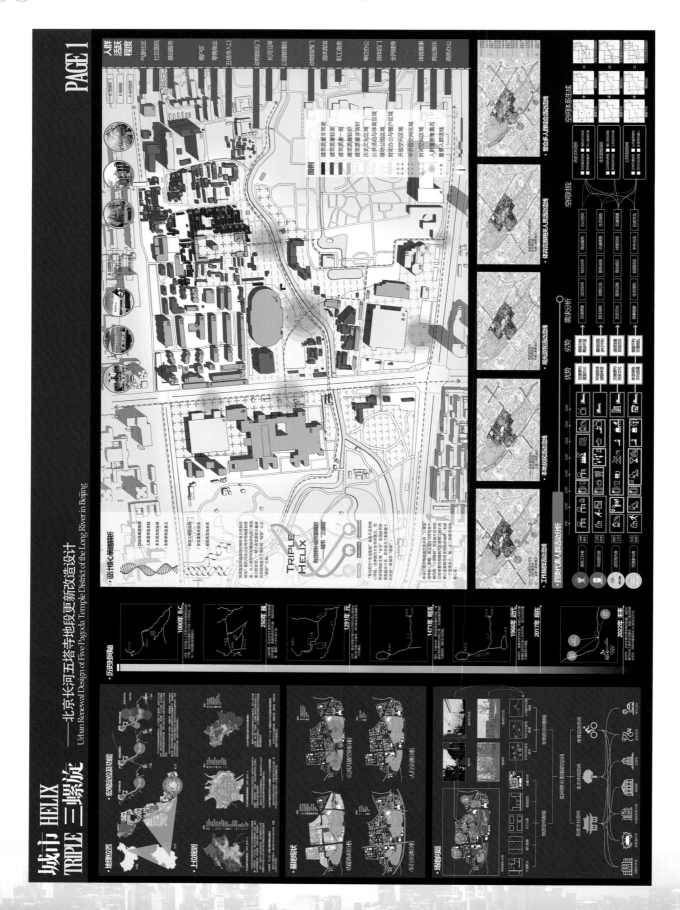

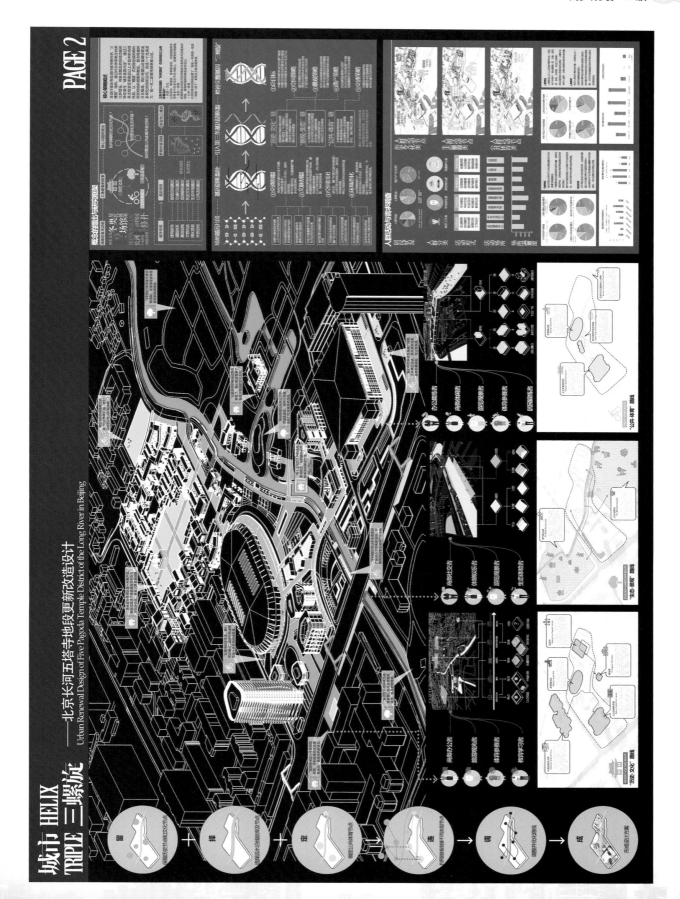

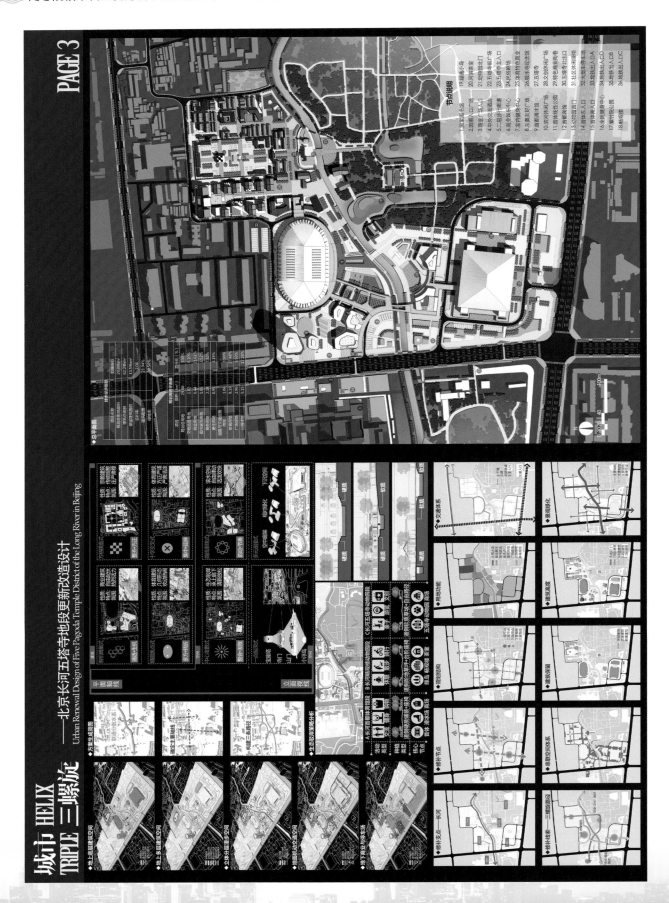

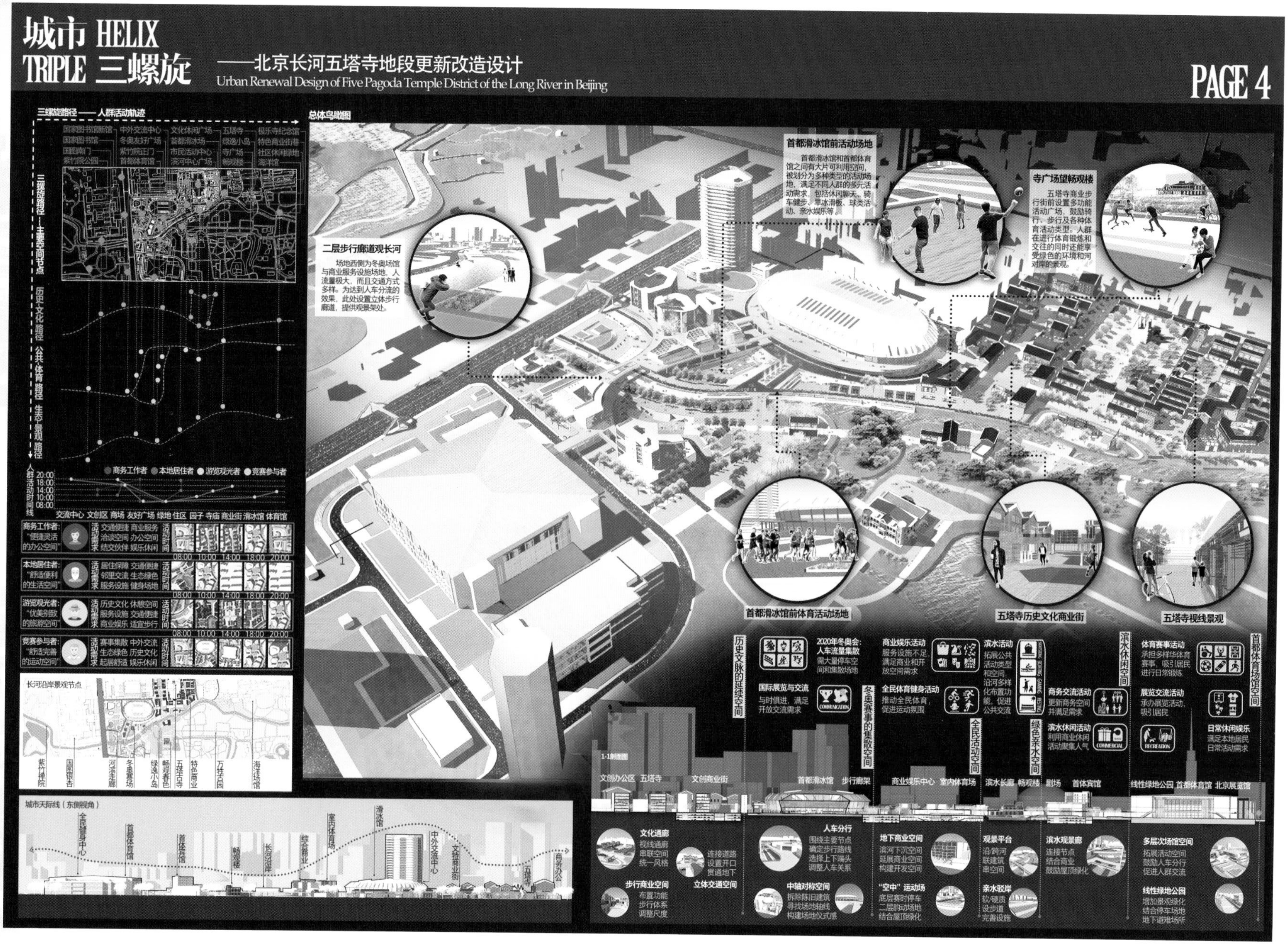

城市 HELIX
TRIPLE 三螺旋
——北京长河五塔寺地段更新改造设计
Urban Renewal Design of Five Pagoda Temple District of the Long River in Beijing
PAGE 4
三螺旋路径——人群活动轨迹
总体鸟瞰图
首都滑冰馆前活动场地
首都滑冰馆和首都体育馆之间有大片可利用空间，被划分为多种类型的活动场地，满足不同人群的多元活动需求，包括休闲聊天、骑车健步、旱冰滑板、球类活动、亲水娱乐等。
寺广场望畅观楼
五塔寺商业步行街前设置多功能活动广场，鼓励骑行、步行及各种体育活动类型。人群在进行体育锻炼和交往的同时还能享受绿色的环境和河对岸的景观。
二层步行廊道观长河
场地西侧为冬奥场馆与商业服务设施场地，人流量极大，而且交通方式多样。为达到人车分流的效果，此处设置立体步行廊道，提供观景架空。
首都滑冰馆前体育活动场地
五塔寺历史文化商业街
五塔寺视线景观
历史文化路径
公共体育路径
生态景观路径
商务工作者
本地居住者
游览观光者
竞赛参与者
交流中心 文创区 商场 友好广场 绿地 住区 园子 寺庙 商业街 滑冰馆 体育馆
商务工作者：“便捷灵活的办公空间”
本地居住者：“舒适便利的生活空间”
游览观光者：“优美别致的旅游空间”
竞赛参与者：“舒适完善的运动空间”
08:00 10:00 14:00 18:00 20:00
长河沿岸景观节点
城市天际线（东侧视角）
历史文脉的延续空间
冬奥赛事的集散空间
全民活动空间
绿色亲水空间
滨水休闲空间
首都体育场馆空间
2020年冬奥会：人车流量集散 需大量停车空间和集散场地
国际展览与交流 与时俱进，满足开放交流需求
商业娱乐活动 服务设施不足，满足商业和开放空间需求
全民体育健身活动 推动全民体育，促进运动氛围
滨水活动 拓展公共活动类型和空间，沿河多样化布置功能，促进公共交流
商务交流活动 更新商务空间并满足需求
滨水休闲活动 利用商业休闲活动聚集人气
体育赛事活动 承担多样华体育赛事，吸引居民进行日常锻炼
展览交流活动 承办展览活动，吸引居民
日常休闲娱乐 满足本地居民日常活动需求
1-1剖面图
文创办公区 五塔寺 文创商业街 首都滑冰馆 步行廊架 商业娱乐中心 室内体育场 滨水长廊 畅观楼 剧场 首体宾馆 线性绿地公园 首都体育馆 北京展览馆
文化通廊 视线通廊 串联空间 统一风格
连接道路 设置开口 贯通地下
立体交通空间
步行商业空间 布置功能 步行体系 调整尺度
人车分行 围绕主要节点 确定步行路线 选择上下端头 调整人车关系
中轴对称空间 拆除陈旧建筑 寻找场地轴线 构建场地仪式感
地下商业空间 滨河下沉空间 延展商业空间 构建开发空间
“空中”运动场 底层赛时停车 二层的运动场 结合屋顶绿化
观景平台 沿岸河 联建筑 串空间
亲水驳岸 软硬质 设步道 完善设施
滨水观景廊 连接节点 结合商业 鼓励屋顶绿化
多层次场馆空间 拓展活动空间 鼓励人车分行 促进人群交流
线性绿地公园 增加景观绿化 结合停车场地 地下避难场所

任 务 书

💧 1 选题背景

首钢工业区位于北京石景山区中部，中心城区西侧边缘、长安街西延线的端部，是北京西部最大的工业区（图1）。随着社会的发展，北京向国际化大都市发展的同时也对城市环境保护提出了更高的要求。虽然首钢在环境治理上处于全国钢铁企业的领先水平，但是由于北京地区环境容量非常有限，不适合继续发展钢铁冶炼工业，2011年北京石景山首钢的钢铁主流程举行了停产仪式，北京石景山的首钢工业区正式结束了近百年的钢铁工业生产史。

首钢石景山厂区钢铁停产后，其工业区改造对北京的城市发展产生重要影响。北京市"十二五规划"中将首钢工业区命名为"新首钢高端产业综合服务区"，规划成为北京西部转型发展的核心区域。北京市政府在《首钢工业区改造规划》中提出，工业区改造要按照有利于解决钢铁工业人员安置和有利于土地价值最大化、产业优先化的原则对原工业厂区进行工业遗产保护和城市更新改造。

首钢石景山工业区西端的钢铁生产主厂区已作为城市重要的工业遗产予以保留，而厂区东段为钢铁生产服务的配套后勤区因毗邻中心城区且工业遗存的保护价值并不是很高，而成为城市更新改造的主要对象（图2）。配套后勤区用地内现状环境脏乱、产业低端、流动人口聚集，存在大量工业迁出后的废弃地和棚户区，成为亟待保护和整治的区域。其中，首钢配套后勤区中运输部设备维修中心的机车设备检修作业区，曾担负工业原料和产品的运输、维护和检修工作。随着首钢钢铁工业的停产，区域内部分工业厂房被拆除，尚有部分铁路线路、运输检修用房和输送水架空管线留存在场地中。这些工业遗存是钢铁工业发展的历史鉴证，尚有一定的经济、文化和美学价值，如何在城市更新改造和工业遗产再利用中寻求适度平衡是值得探讨的问题。

图例
1.生产加工建筑
2.仓储建筑
3.能源生产建筑
4.办公建筑
5.居住建筑
6.后勤服务建筑
7.其他附属建筑
8.文物类建筑

图1 原首钢工业区的主要功能建筑分布

以此为契机，围绕"城乡修补、活力再塑"主题，本次课程将首钢石景山厂区的后备检修区地段作为设计对象，让学生积极地参与当前城市历史地段更新热点问题讨论，掌握历史地段设计的理论、方法，了解政府、公众、设计单位在规划设计中的角色、作用，促进学生专业素质全面发展。

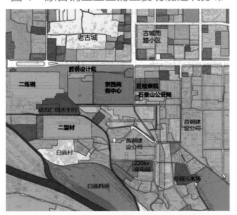

图2 原首钢工业区运输部设备维修中心周边用地

💧 2 规划设计范围

规划场地位于北京市石景山区中南部，邻近长安街西沿线，场地西侧紧邻古城南街，中部有古城南里路穿过，北侧与鲁谷路相邻，属于首钢后备检修区范围。本次城市设计课程设计地段选择的原则是以历史街区原有肌理和地块完整性为依据，结合工业遗产的历史、文化和社会价值、土地权属、空间规模和历史建筑分布等因素综合考虑。

本课程选取首钢运输部设备维修中心的机车设备检修作业区内 28.17 公顷地块，作为规划设计范围（图 3）。

图 3　规划设计范围

💧 3 设计思路要求

城市历史地段更新不仅针对物质空间改造需求，同时探索城市社会问题解决途径。在保持原有风貌的基础上，增强对城市地段改造的理解和感悟，以局部更新、整体改造的包容性思路，因地制宜地更新基础设施，改造原有建筑，引导城市发展与经济、社会发展重新走向协调新状态。

本次课程设计思路延续上位规划对设计地段提出的更新定位和设计要求。

💧 4 设计任务要求

（1）工业区改造要求更新原有功能，完成对工业废弃地的生态修复与再生，适当保留并合理利用原有地块中工业遗存和遗构作为地块文脉记忆，保证更新后的地块与周边地块的融合。

（2）城市中心区边缘的历史地段更新要求保持现有整体空间格局，优化公共空间及公共环境，营造尺度宜人，具有特色的公共活动场所。

（3）对现有建筑根据其价值进行保护、改造或重建，保护历史地段特色风貌，实现传统与现代、创新与传承的共生。

（4）挖掘和复兴历史地段地区核心文化，延续历史文脉，同时注入现代功能，引入多种业态，激活地区功能。

💧 5 设计成果要求

成果内容应包括四部分：规划地段现状分析；规划策略阐释；规划方案表达；效果图、分析图和节点放大图等展示。

图纸要求：A1 图纸 4 张。

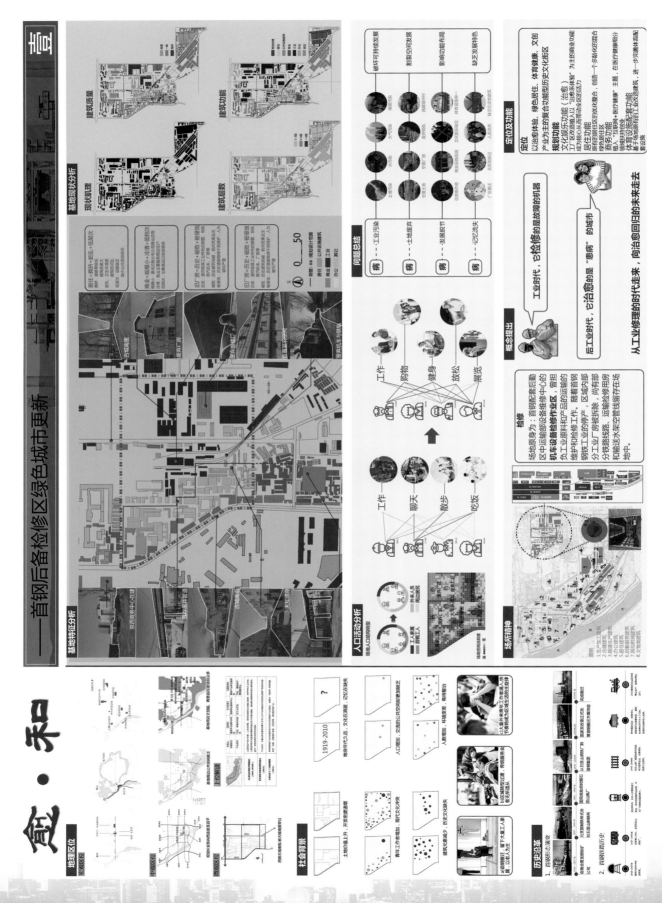

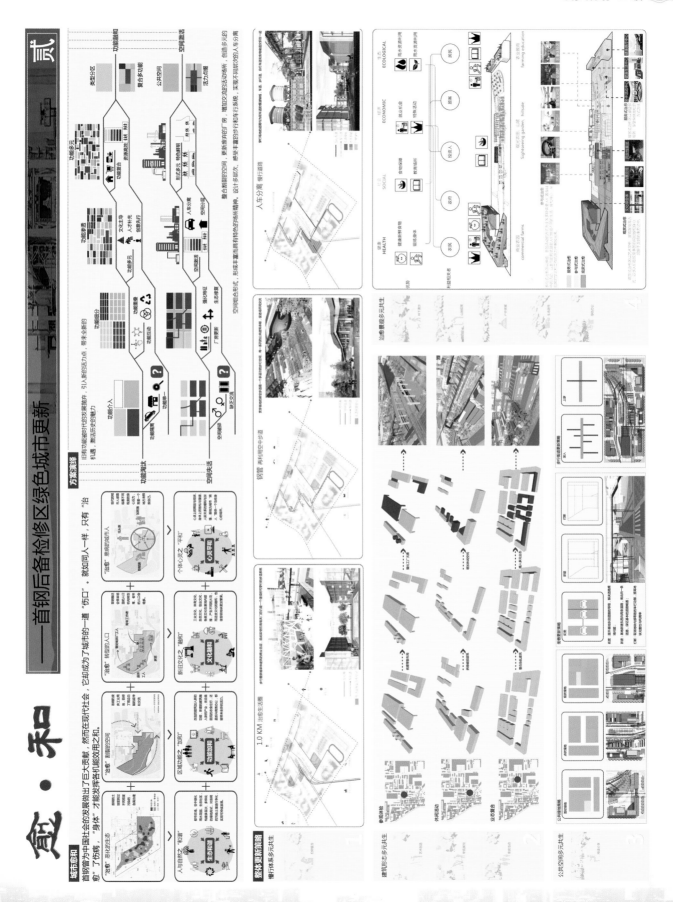

愈·和

——首钢后备检修区绿色城市更新

城市感和

首钢曾为中国社会的发展做出了巨大贡献，然而在现代社会，它却成为了城市的一道"伤口"。就如同人一样，只有"治"愈"了伤疾，"身体"才能发挥各机能效用之和。

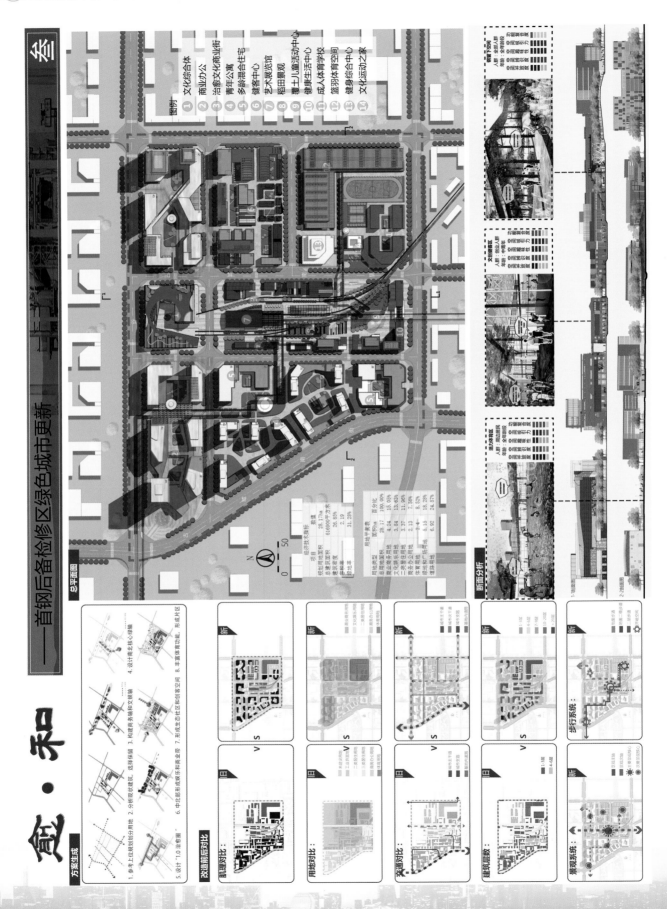

叁

金·和

——首钢后备检修区绿色城市更新

图例
① 文化综合体
② 商业办公
③ 冶叙文化商业街
④ 青年公寓
⑤ 多院混合住宅
⑥ 健客中心
⑦ 艺术展览馆
⑧ 稻田景观
⑨ 覆土儿童活动中心
⑩ 成人体育学校
⑪ 盛羽运动中心
⑫ 健康生活体育中心
⑬ 文化运动之家

总平面图

经济技术指标

项目	数值
规划用地面积	28.17ha
总建筑面积	619000平方米
建筑密度	26.85%
容积率	2.19
绿地率	31.23%

用地平衡表

用地类别	面积/ha	百分比
总用地面积	28.17	100.00%
居住建设用地	4.24	15.03%
文化娱乐用地	3.84	13.63%
商业金融用地	3.37	11.96%
公共绿地	2.13	7.56%
商务办公用地	2.4	8.52%
道路和广场用地	5.15	18.29%
道路用地	6.92	24.57%

断面分析

方案生成

1. 参考上位规划划分用地 2. 分析旧式建筑，选择保留 3. 构建商务轴和文化轴 4. 设计南北核心绿地
5. 设计"1.0治钢圈" 6. 中北部形成娱乐和商业带 7. 形成生态社区和创客空间 8. 丰富体育功能，形成片区

改造前后对比

肌理对比：

用地对比：

交通对比：

建筑层数：

景观系统：

步行系统：

肆

念·和 —— 首钢后备检修区绿色城市更新

鸟瞰图

局部效果图

我们希望利用首钢遗址这块地原有的场所精神，创造具有治愈功能的城市空间，找回失了自我的"城市病人"，在这里与久违的自己相遇。

城市化进程太快了，以至于人与人自然，人与人、精神与物质之间各种关系被割裂了，人与人的流离，制造了孤独，也产生了不信任、人与自然的对立，更是产生了雾霾等环境问题……治愈"城市病"离不开对公共生活和精神生活的重建。

城市人群活动分析

	人群类型				人群类型	
1	快乐儿童			6	健身达人	
2	活力青年			7	文化人士	
3	治愈丽人			8	购物达人	
4	时尚商人			9	街区商人	
5	夕阳老人			10	设计人员	

适用于4/2/6

适用于3/4/8/9

适用于4/7/10

适用于各类人群

适用于各类人群

适用于各类人群

城乡规划12级

晕染街区——前门东区历史地段城市设计

崔嘉慧 佟 昕（佳作奖）

延脉——以传统院落更新为驱动的北京鲜鱼口社区营造设计

林 源 郑依彤（佳作奖）

城市聚光灯——北京电影制片厂历史地段更新设计

许舒涵 周娅茜（佳作奖）

任 务 书

💧 1　选题背景

　　北京城市发展出现不同热点问题，包括中心城区产业向外疏散、城市街区制改造、历史街区保护与复兴等。北京前门东区改造设计"城南计划"展览等事件引发了不同性质历史地段改造更新方法和模式的讨论。北京市政府、设计机构、社会团体也纷纷参与到这些历史地段的保护更新计划之中，举办了相关的展览和论坛，获得了社会各界的广泛关注。这些规划探讨区域有机更新，并吸收优秀的团队及个人参与到协作设计平台中，为改善当地居民生活水平，传承历史地段价值，寻找新的经济活力模式。

　　以此为契机，本次课程将北京旧城"前门东区地块"历史地段作为研究对象，以"历史街区"有机更新为城市改造设计目标，要求掌握历史地段设计的理论、方法，了解政府、公众、设计单位在规划设计中的角色、作用，促进学生专业素质全面发展。

💧 2　规划设计范围

　　本次城市设计课程选择地块以历史街区原有肌理和地块完整性为依据，结合地区文化价值、土地权属、空间规模、文保单位和历史建筑分布等因素，选取"前门东区"地段作为课程设计用地（图1～图3）。

　　本次课程设计要求从特色地区中选取不大于30公顷的地段作为规划设计范围。

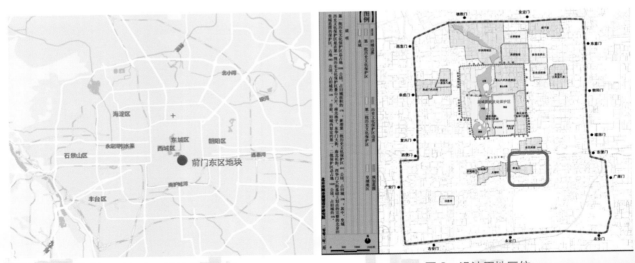

图1　前门东区地块所处位置　　　　　　　　　　　　图2　设计用地区位

图 3　前门东区地块

3　设计思路要求

不仅反映物质空间改造需求，同时探索宏观性城市问题的解决，采取全面、系统的措施，在保持原有风貌的基础上，增强对城市改造地段的理解和感悟，以局部更新、整体改造的包容性改造思路，因地制宜地更新基础设施、改造原有建筑，引导城市发展与经济、社会发展重新走向协调新状态。重点思考：

（1）如何以最小的代价换取区域的复兴。

（2）如何最大限度地保护旧城的民生和文脉。

（3）如何平衡经济发展与环境需求。

4　设计任务要求

（1）历史街区改造更新要求保持现有整体空间格局，优化公共空间及公共环境，营造尺度宜人、具有特色的公共活动场所。

（2）对现有建筑需根据其价值进行保护、改造或重建，保护历史地段特色风貌，实现传统与现代、创新与传承的共生。

（3）挖掘和复兴历史地段地区核心文化，延续历史文脉；同时注入现代功能，引入多种业态，激活地区功能。

5　设计成果要求

设计成果内容应包括四部分：规划地段现状分析；规划策略阐释；规划方案表达；效果图、分析图和节点放大图等展示。

图纸要求：A1 图纸 4 张。

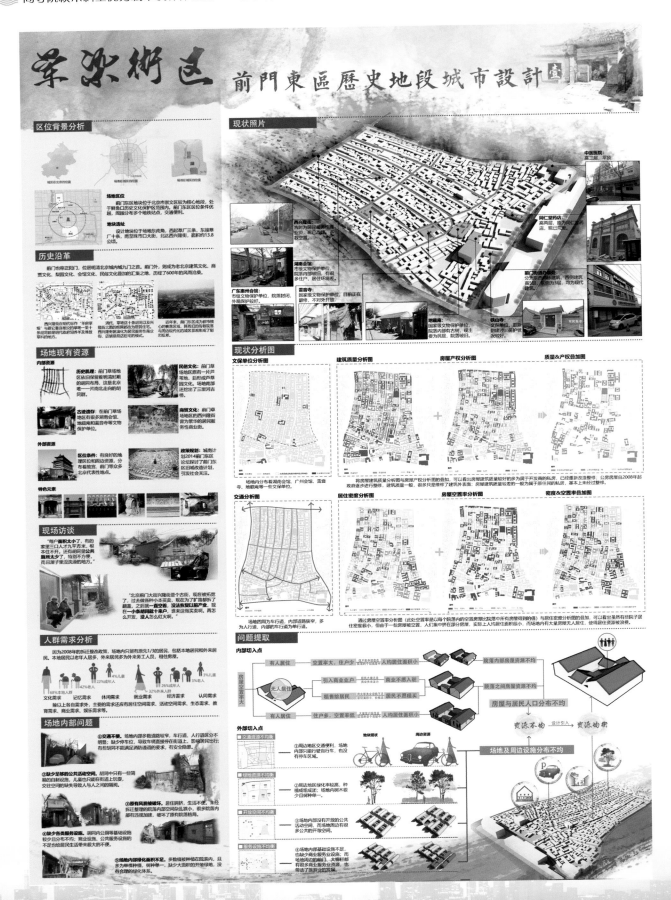

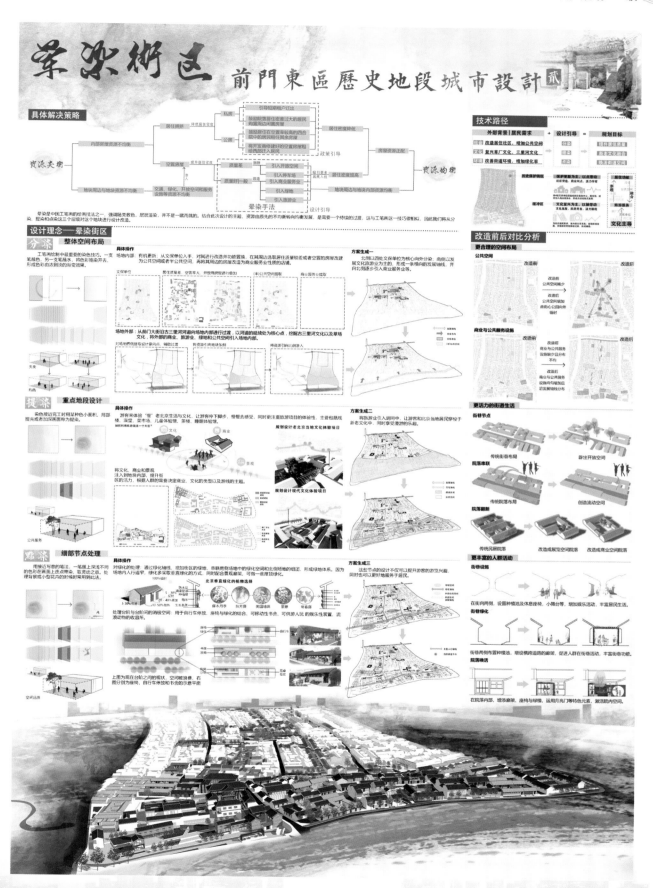

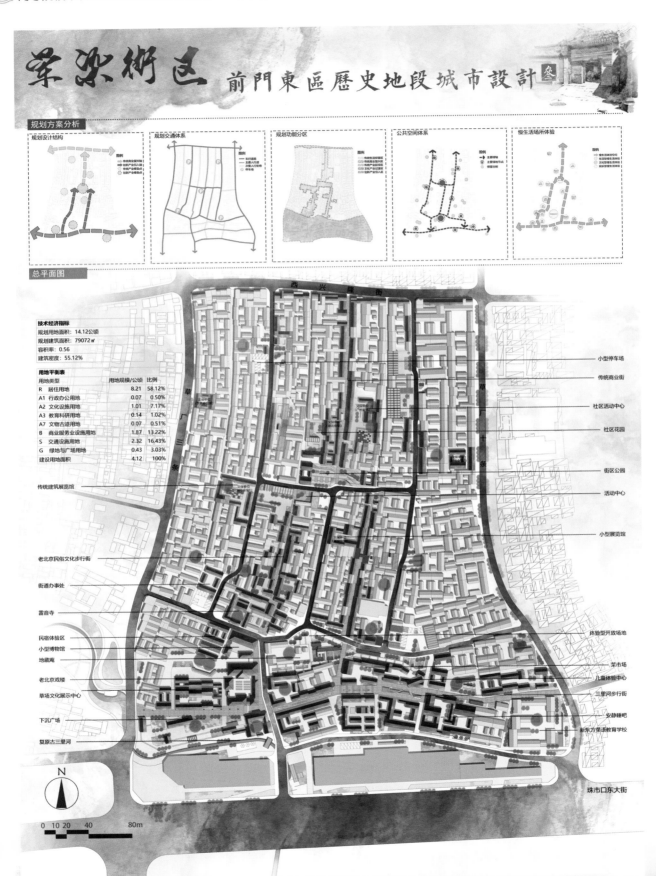

荣梁衔区 前門東區歷史地段城市設計

节点效果图

公共空间

下沉广场

古三里河

体验型广场

街巷空间

传统步行街

步行街

街区公园

院落空间

老北京裁缝铺

小型展览馆

传统建筑展览馆

社区活动中心

立面图

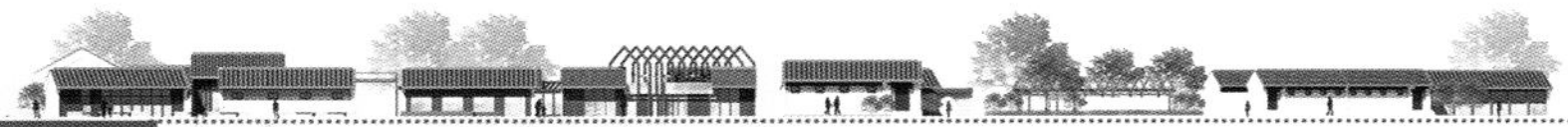

建筑改造分析

重点保护区民居

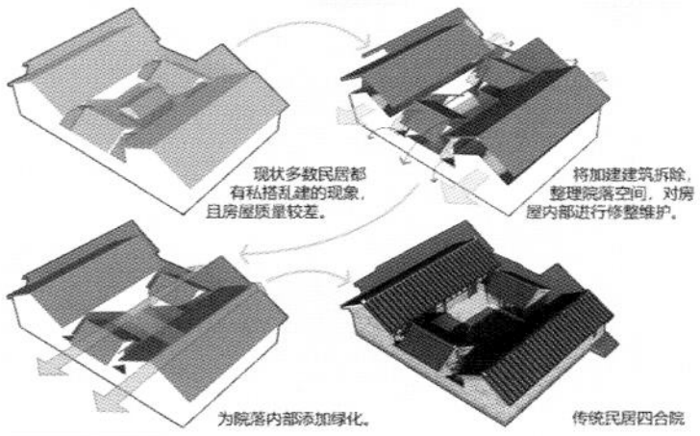

重点保护区商业

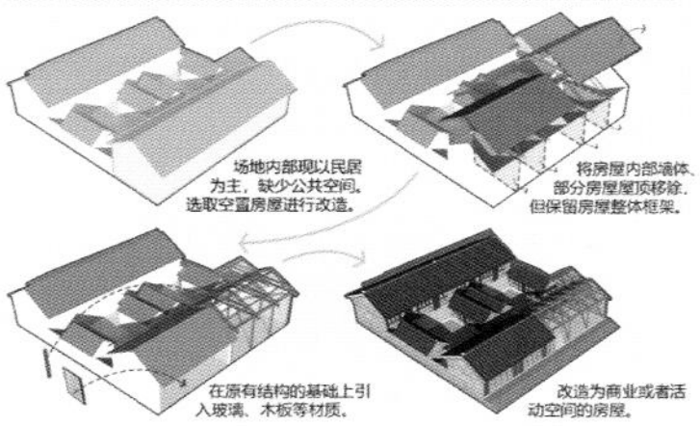

缓冲区商业

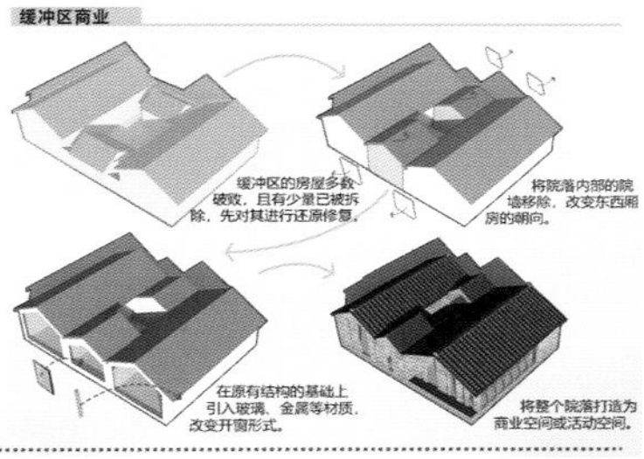

鸟瞰图

1 延脉——以传统院落更新为驱动的北京鲜鱼口社区营造设计

Xianyukou

现状分析 Situation Analysis

区位分析 District Analysis

鲜鱼口社区属于前门东区，位于北京市东城区，前门东街以东，与繁华的前门商业区相邻。

[北京] 东城 　[东城] 鲜鱼口

人口 & 居住分析 Population & Residence

我们认为对于场地活力比较有影响的是以下几个因素，其中最重要的可能是居民经济状况及

居民?
Resident?

年龄 Age　经济 Economy　心理 Psychological　行为 Behavior　类型 Type　需求 Need

年龄结构分析 Age Structure Analysis

婴儿 & 儿童　较好的教育资源，较多的老年人都是此区域儿童较多的原因。

青少年 & 成人　较差的居住条件以及周边缺少就业机会，可能导致地块中青少年及成人较少。

老年人　皇根城下，地块内有许多有故事的老年人，记忆、老街坊、较好的医疗条件，都使他们不愿也不能搬走。

家庭类型分析 Family Types

中青年夫妇　地块内紧凑的居住空间，较差的基础设施和交通状况，都是中青年夫妇数量较少的原因。

老人 & 子女　内部老年人与成年子女同住家庭也较少，子女多尚未成家或经济条件较差。

老人独居 & 儿童　老夫妻或老年人独居情况较多，有部分聘请保姆，但整体卫生安全情况令人担忧。

历史沿革 Historical Development

该地区从西周、隋唐时期开始有人居住生活。辽金时期建都北京，为古高梁河流域的漕运中转站。

[辽金] 漕运中心

明朝时期，该地属于外城部分，居民开始修路建屋，人口增多，商业也初具规模。

[明朝] 古三里河·鲜鱼巷之地

明朝正统年间，开挖旧河道，并命名为三里河。渔民把打捞上来的鱼拿到街上叫卖，这条街就被称为"鲜鱼巷"。

清朝汉人居住外城，鲜鱼口地区成为南城真正的商贸区，出现了鱼市皋市、布市等商业街与居住区的混合地块。

[明朝] 商贸云集之地

大栅栏商业街主要是大型交易居多，而鲜鱼口更具平民化生活气息。

清光绪皇帝实行新政，提出了废科举、办新学的理念，鲜鱼口地区的文人会馆逐步没落。

[清朝] 先有鲜鱼口，后有大栅栏

新中国成立之后，北京的发展重心北移，胡同四合院未统一修复，丧失了往日安逸又不失繁华的市井生活气息。

[近代] 历史建筑文化没落

[目前] 流失……甚至消失

西大磨厂街 Xidamochang Street

废弃的 基本色彩 废弃的 山西临汾会馆 基本色彩 金柱大门
建筑立面 外立面 建筑立面 外立面
西洋风格 打磨厂
乔家大德银号旧址 招待所 蚨隆店 乐家府邸

场地概况 Site Overview

打磨坊古文化街
古运河公园
打磨广西街现状
拆除现状
供销社
大面积拆除
涂鸦
尺寸宜人街道
鸽子笼
福建会馆　自形成的广场　颜料会馆

建筑拆除分析
拆除建筑
未拆除建筑

建筑质量分析
简单修缮
重点修缮
拆除新建

建筑高度分析
一层建筑
二层建筑
二层以上

什么时候政府能给修修这房子？这可是北京的脸面
这里面没有什么可逛的地啊，没劲！
没有我们玩儿的地。
没地停车啊

产业 & 经济分析 Industrial & Economic

经济? Economy?

前门东区整体经济状况较差，周边便民商业也很少，内部居民间经济条件也较差，直接影响了居民间凝聚力。

胡同复兴分析 Hutong Revival Analysis

过度的商业化挤压了原有生活空间。

原有的私人庭院空间变得公共化。

规划方式较为灵活。
以点带面　阶梯式房租

前门大街 Qianmen Street

前门大街作为北京著名商业街，吸引着国内外众多游客，这为前门东西区带来了发展契机。

西区与前门大街的贯通性使其商业化明显，旨在非主导的扬梅竹斜街改造更改变了主街建筑风貌，使商业更加深入地区。

东区与前门大街之间较败的前门东路，却截断了鲜鱼口街道，使得东区无法顺利商业化，逐渐衰败。

场地现状问题 Current situation

问题　满意度 低 中 高　胡同更新传统策略

生活环境　缺少基础设施 道路 基础设施／居住条件差／环境品质差 开敞空间 园林

经济收入　缺少工作机会 自主经营／房租收入低 提高租金／无社区产业

休闲娱乐　缺少休闲场地 少娱乐餐饮 娱乐 餐饮／缺乏社区活动 建筑 文化设施

胡同更新通常是将其商业化，注重物质空间却忽略其生活氛围的价值。针对其商业化的质量并无确切规定。

简单商业化

本地居民搬迁
商业挤压生活空间
邻里交往减少

胡同文化消失

问题分析 Analysis of situation

1. 随着近年内旧城拆迁的进行，鲜鱼口社区原有特殊的鱼骨状**肌理**消失，破碎的肌理使社区气质消失殆尽。

2. 拆建后的改建一直未实施，社区内部整体面貌较差，呈现居民口中的"贫民窟"面貌，居民的社区**认同感**不高。

3. 由于旧城内部环境方面的限制，生活基础设施缺乏、**居住环境**差。

4. 场地内部功能单一，仅供居民居于此，没有**社区产业**，也缺乏为居民提供**休闲活动**的场地和设施。

5. 解决现有胡同问题的更新模式偏向**简单商业化**，商业挤压原有居民生活空间，可能导致充满人情味的胡同文化渐渐消失。

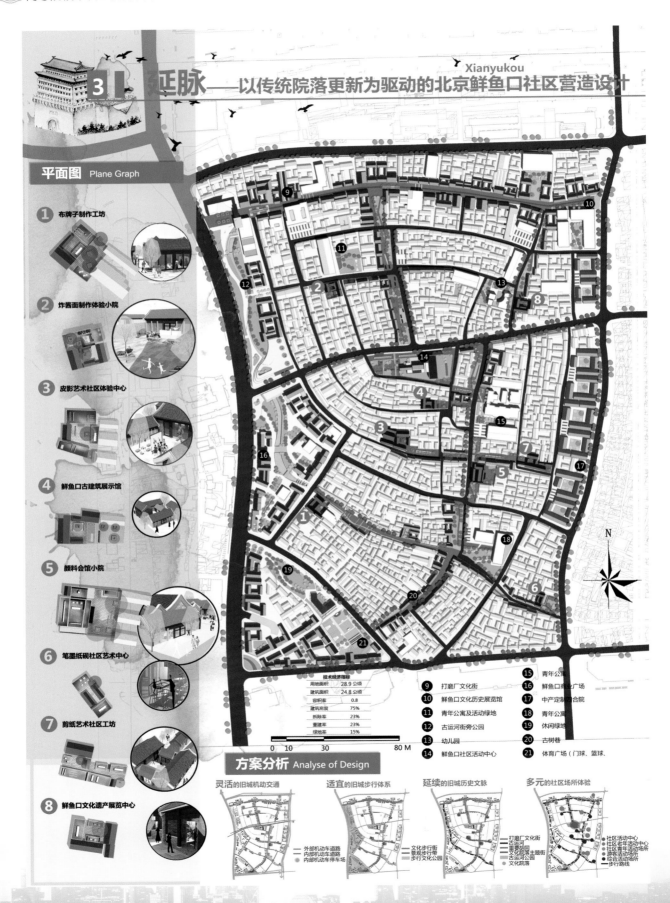

3 | 延脉——以传统院落更新为驱动的北京鲜鱼口社区营造设计

Xianyukou

平面图 Plane Graph

① 布牌子制作工坊

② 炸酱面制作体验小院

③ 皮影艺术社区体验中心

④ 鲜鱼口古建筑展示馆

⑤ 颜料会馆小院

⑥ 笔墨纸砚社区艺术中心

⑦ 剪纸艺术社区工坊

⑧ 鲜鱼口文化遗产展览中心

技术经济指标

用地面积	28.9 公顷
建筑面积	24.8 公顷
容积率	0.8
建筑密度	75%
拆除率	23%
重建率	23%
绿地率	15%

0 10 30 80 M

⑨ 打磨厂文化街
⑩ 鲜鱼口文化历史展览馆
⑪ 青年公寓及活动绿地
⑫ 古运河街旁公园
⑬ 幼儿园
⑭ 鲜鱼口社区活动中心

⑮ 青年公寓
⑯ 鲜鱼口商业广场
⑰ 中产定制四合院
⑱ 青年公寓
⑲ 休闲绿地
⑳ 古树巷
㉑ 体育广场（门球、篮球、

方案分析 Analyse of Design

灵活的旧城机动交通

适宜的旧城步行体系

延续的旧城历史文脉

多元的社区场所体验

外部机动车道路
内部机动车道路
内部机动车停车场

文化步行街
景观步行带
步行文化公园

打磨厂文化街
古运河
重要节点
古运河主题街
文化院落

社区活动中心
社区老年活动中心
社区青年活动场所
游客活动场所
综合活动场所
步行路线

4 延脉——以传统院落更新为驱动的北京鲜鱼口社区营造设计

Xianyukou

鸟瞰图

延续文脉 Continuation of the cultural context

古文化街脉络　　古运河脉络

古文化街脉络

古运河脉络

古树胡同脉络

古院落脉络

复合而成的延脉体系

社区活动中心效果图

运河公园模式图

分期建设 Construction Phases

策略分期 Stage strategy

规划策略对项目实施做了细致统一的规划，针对道路及市政设施，应最先改善，以提高居民生活质量。

在房屋修缮方面，为高档四合院同时进行建设，再将所得资金投入到普通民居修建中。

景观方面，首先进行绿带建设，再围绕文化街、内部工坊建设。

Stage 1
Stage 2
Stage 3
Stage 4

动态预测 Future Forecasty

拓宽道路　　市政设施建设

文化街及高档四合院　　绿带及其他商业

民居修缮　　文化设施及绿地

建设青年公寓　　创造新活力点

商业空间预测　　互动空间预测　　游憩空间预测

古文化街开端　　古文化街游客服务　　古运河公园改造

1 Year

沿主要胡同蔓延　　古院落互社区中心　　居民运动公园

3 Year

院落主题商业街延续　　胡同互动空间延伸　　社区绿地及胡同绿地

5 Year

中产定制标准院

社区中心展览空间

运河商业街广场

沿前门东大街立面

任 务 书

1 选题背景

北京电影制片厂旧址位于北京市北三环中路 77 号，是中国三大电影基地之一。北京电影制片厂是新中国故事片的重要生产基地，许多中国文学名著在这里被拍摄成影片。厂区内建有 10 余个电影摄影、制作棚和 1 个电视剧制作中心，可年产 30 部故事片和 200 余集电视剧。

2009 年由于电影制作技术的发展，北京电影制片厂正式搬迁至怀柔国家中影数字制作基地。厂区在结束了 60 年电影生产制作后，面临更新和改造。2012 年一则新闻登出一座城市综合性建筑"北京益田国际梦工场"将在北京电影制片厂旧址新建，厂区面临拆迁引发了社会的广泛关注。虽然北京市规划委员会表示北京电影制片厂内的主楼、东楼和西楼 2007 年已列入《北京市优秀近现代建筑保护名录》，三栋历史建筑将予以保留，但更多北京电影制片厂的老职工们希望北京电影制片厂的厂区以文物保护单位的形式被整体保护而免于拆迁。

《北京市城市总体规划（2004—2020 年）》中提出要充分发挥首都优势，大力发展文化创意产业，重点培育全国的文艺演出中心和影视节目制作及交易中心。《北京市文化创意产业功能区建设发展规划（2014—2020 年）》中提出激发文化艺术、广播影视、新闻出版等传统行业活力，鼓励功能区带动传统历史文化区域、工业遗址的有机更新和商务办公区域的文化转型发展，推动风貌提升和产业升级，提高空间资源使用效率。

以此为契机，围绕"地方营造、有机更新"主题，本次课程将北京电影制片厂旧址作为设计对象，让学生积极地参与当前城市历史地段更新热点问题讨论，掌握历史地段设计的理论、方法，了解政府、公众、设计单位在规划设计中的角色、作用，促进学生专业素质全面发展。

2 规划设计范围

北京电影制片厂旧址北临北土城公园，西临北京电影学院，南临北三环，东临北京新闻电影制片厂。本次城市设计课程设计地段选择的原则是以历史街区原有肌理和地块完整性为依据，结合地区文化价值、土地权属、空间规模、文保单位和历史建筑分布等因素综合考虑。

本课程选取北京电影制片厂旧址内 19 公顷地块，作为规划设计范围（图 1）。

图 1 规划范围图

🌢 3 设计思路要求

城市历史地段更新不仅针对物质空间改造需求，同时探索城市社会问题解决途径。在保持原有的风貌基础上，增强对城市地段改造的理解和感悟，以局部更新、整体改造的包容性思路，因地制宜地更新基础设施、改造原有建筑，引导城市发展与经济、社会发展重新走向协调新状态。

本次课程设计思路延续上位规划对设计地段提出的更新定位和设计要求。

🌢 4 设计任务要求

（1）保持现有整体空间格局，优化公共空间及公共环境，营造尺度宜人、具有特色的公共活动场所。

（2）对现有建筑进行保护、改造或重建，保护历史片区特色风貌，实现传统与现代、创新与传承的共生。

（3）挖掘和复兴历史片区核心文化，延续历史文脉；同时注入现代功能，引入多种业态，激活地区功能。

🌢 5 设计成果要求

成果内容应包括四部分：规划地段现状分析、规划策略阐释、规划方案表达和效果图展示。

图纸要求：A1 图纸 4 张。

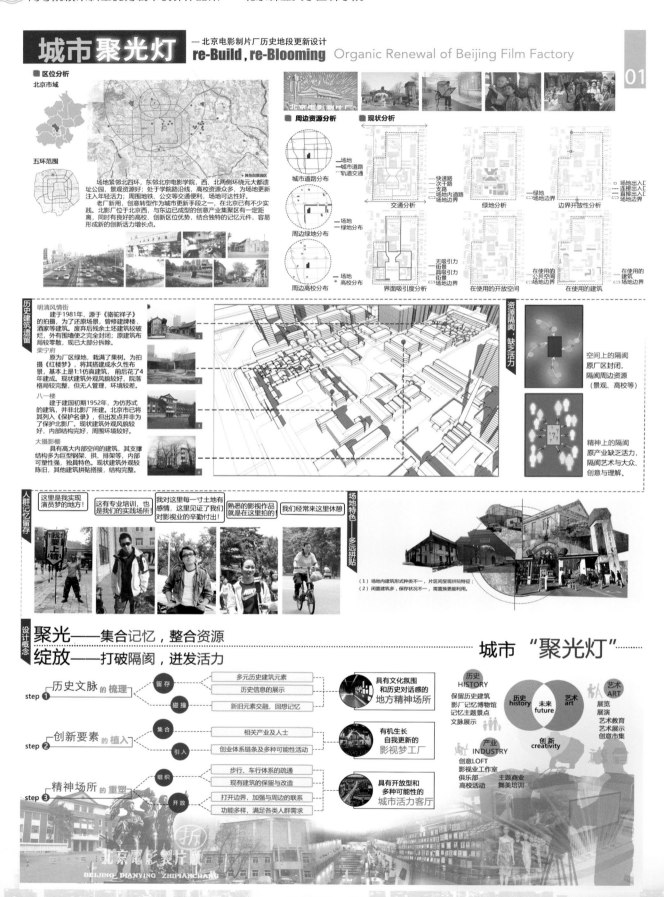

城市聚光灯
--- 北京电影制片厂历史地段更新设计
re-Build , re-Blooming Organic Renewal of Beijing Film Factory

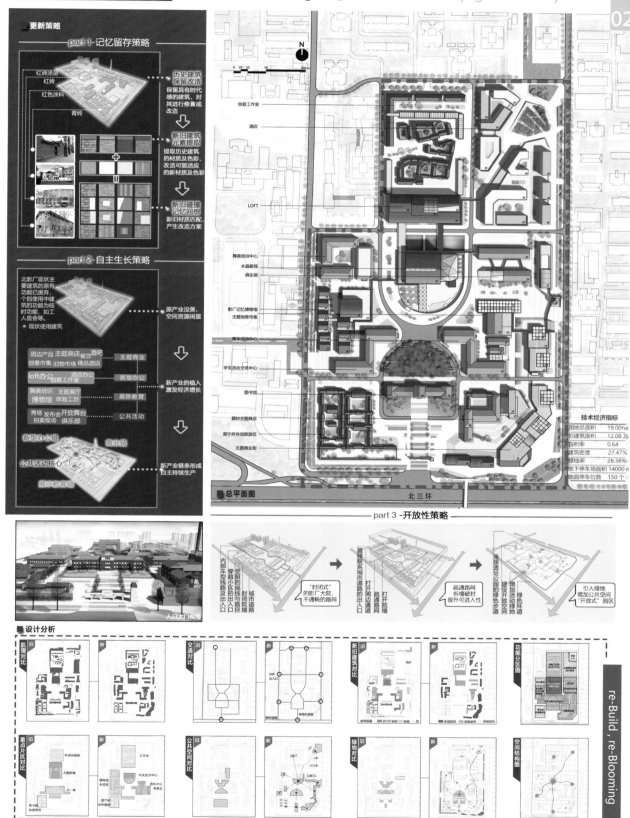

更新策略

part 1 -记忆留存策略

红砖涂层
红砖
红色涂料
青砖

历史建筑保留改造
保留具有时代感的建筑，对其进行修缮或改造

新旧建筑元素提取
提取历史建筑的材质及色彩，改造可能适应的新材质及色彩

新旧碰撞记忆回想
新旧材质匹配，产生改造方案

part 2 -自主生长策略

北影厂现状主要建筑的原有功能已废弃，个别使用中建筑的功能为临时功能，如工人宿舍等。
* 现状使用建筑

原产业没落，空间资源闲置

周边产品 主题商店 餐饮 西吧
创意市集 旧物市场 精品酒店 — 主题商业
loft办公 创意办公 酒店办公 创意工作室 — 新型办公
舞美培训 主题展厅 博物馆 体验式 主题展示 实验工坊 — 展陈教育
秀场 发布会 开放舞台 拍卖现场 俱乐部 — 公共活动

新产业的植入激发经济增长

新型办公楼
商业楼
公共活动核心
俱乐部楼层

新产业链条形成自主持续生产

part 3 -开放性策略

内部车型流线路径及出入口
受距小区的视线与路径
"封闭式"的影厂大院，不通畅的路网

直接联系城市道路的出入口
打开周边院墙疏通路网
城市道路
打开院墙疏通路网

疏通路网拆墙封闭提升可进入性
增加活动绿地建设开放空间
绿色环道

连接遗址公园的绿色步道
引入绿地增加公共空间"开放式"园区

入口大门视角

设计分析

肌理对比 旧 / 新
交通对比 旧 / 新
新旧建筑对比 旧 / 新
功能分区图

重点片区对比 旧 / 新
公共空间对比 旧 / 新
绿地对比 旧 / 新
空间结构图

总平面图

北 三 环

创意工作室
酒店
LOFT
舞美培训中心
水晶剧场
俱乐部
影厂记忆博物馆
主题创意市集
青年活动中心
学生活动交流中心
图书馆
器材主题商店
荣宁府休闲旅游区
主题商业街

技术经济指标
用地总面积 19.00ha
总建筑面积 12.08 万
容积率 0.64
建筑密度 27.47%
绿地率 28.38%
地下停车场面积 14000 m²
地面停车位数 150 个

城市聚光灯

— 北京电影制片厂历史地段更新设计
re-Build , re-Blooming
Organic Renewal of Beijing Film Factory

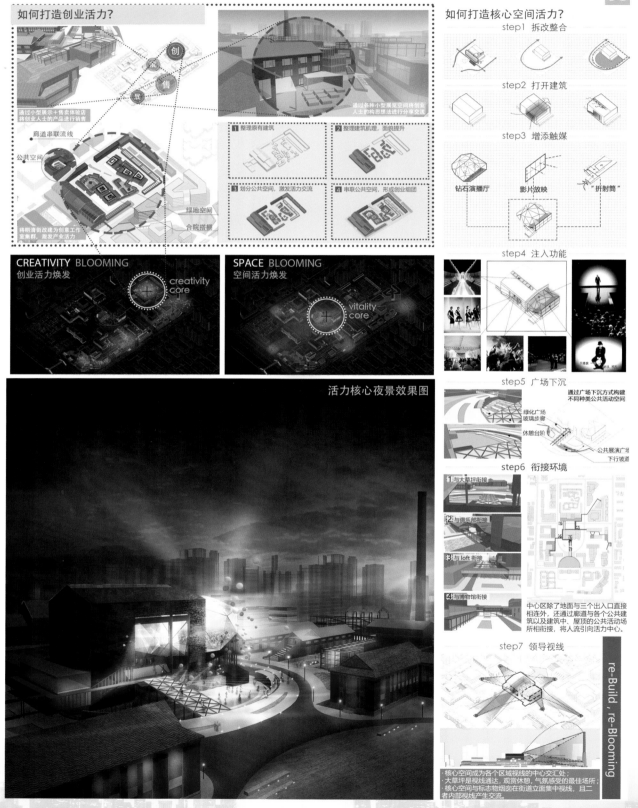

03

如何打造创业活力?

通过小型展示+售卖体验店
将创业人士的产品进行销售

廊道串联流线

公共空间

将朗清街改建为创意工作
室集群，激发产业活力

创
展
售

绿地空间
合院搭棚

通过各种小型展览空间将创业
人士的构思想法进行分享交流

① 整理原有建筑
② 整理建筑肌理，面积提升
③ 划分公共空间，激发活力交流
④ 串联公共空间，形成创业组团

如何打造核心空间活力?

step1 拆改整合

step2 打开建筑

step3 增添触媒

钻石演播厅　　影片放映　　"折射筒"

step4 注入功能

CREATIVITY BLOOMING
创业活力焕发

creativity core

SPACE BLOOMING
空间活力焕发

vitality core

step5 广场下沉

通过广场下沉方式构建
不同种类公共活动空间

绿化广场
玻璃步廊
休憩台阶
公共展演广场
下行坡道

step6 衔接环境

① 与大草坪街接
② 与俱乐部衔接
③ 与loft衔接
④ 与博物馆衔接

中心区除了地面与三个出入口直接
相连外，还通过廊道与各个公共建
筑以及建筑中、屋顶的公共活动场
所相衔接，将人流引向活力中心。

活力核心夜景效果图

step7 领导视线

·核心空间成为各个区域视线的中心交汇处；
·大草坪是视线通达，观赏休憩，气氛感受的最佳场所；
·核心空间与标志物烟囱在街道立面集中视线，且二
者内部视线产生交流。

re-Build , re-Blooming

城市聚光灯

--- 北京电影制片厂历史地段更新设计

re-Build , re-Blooming　Organic Renewal of Beijing Film Factory

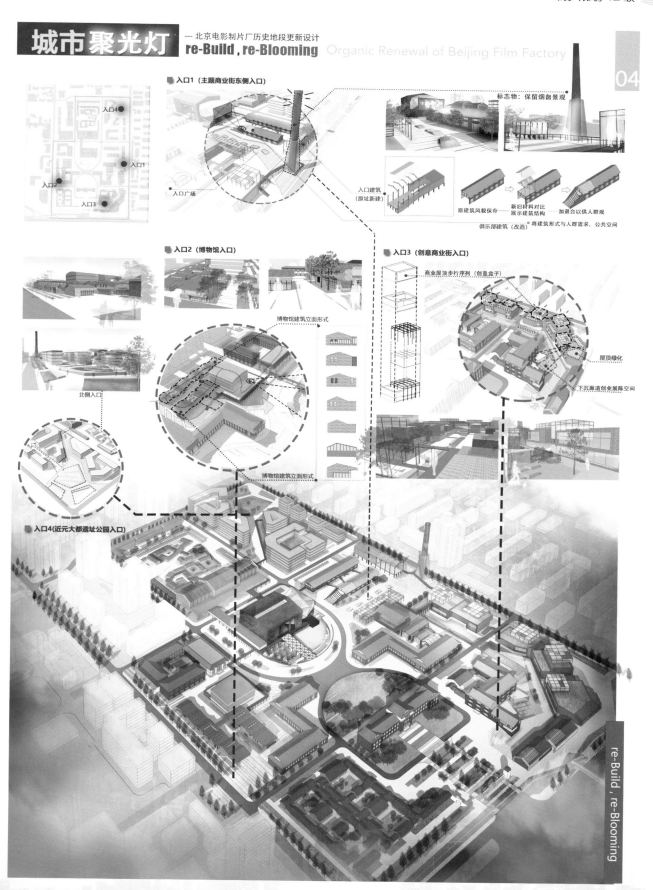

入口1（主题商业街东侧入口）

标志物：保留烟囱景观

入口广场

入口建筑（原址新建）

原建筑风貌保存　新旧材料对比展示建筑结构　加建台以供人群观

俱乐部建筑（改造）　将建筑形式与人群需求、公共空间

入口2（博物馆入口）

入口3（创意商业街入口）

商业屋顶步行序列（创意盒子）

博物馆建筑立面形式

屋顶绿化

下沉廊道创业展陈空间

北侧入口

博物馆建筑立面形式

入口4(近元大都遗址公园入口)

re-Build , re-Blooming

城乡规划11级

胡同趣哪儿——带动共享共生的长辛店历史地段城市设计

王　芳　杨青清（二等奖）

边缘重塑·商贾相传——传统商业生境保护观念下的长辛店历史地段规划设计

马鑫雨　陈天宇

美好·融合·常新——北京长辛店古镇历史地段城市设计

高静娴　仇　云

任 务 书

1 选题背景

长辛店老镇是在古驿站基础上发展而成的京西老镇，拥有丰富的历史积淀和深厚的文化底蕴，既有街巷格局保持良好，是距离北京中心城最近的、具有独特历史文化风貌特色的地区。由于历史和客观原因，该地区在城市建设过程中经济发展动力不足，文化逐渐没落，基础设施相对薄弱，民生问题比较突出。

2014年北京城市规划委员会、丰台区政府、北京市城市规划设计研究院共同提出"长辛店老镇复兴计划"，并举办了长辛店老镇复兴计划论坛，获得了社会各界的广泛关注。其后北京市城市规划设计研究院、北京市规划委丰台分局、长辛店街道办事处以及丰台区房屋经营管理中心作为活动的承办单位初步组建了老镇复兴计划筹备团队，并开通了老镇复兴计划公众号。

作为老镇复兴计划的一个环节，2015年2月北京城市规划委员会、丰台区政府、北京市城市规划设计研究院组织开展了长辛店老镇DI众设计招募活动，对老镇内六个地段的改造进行了方案征集，希望以此为契机撬动区域有机更新，并吸收优秀的团队及个人参与到老镇设计师协作设计平台中，为改善当地居民生活水平，传承古镇老街乡愁，恢复老镇经济活力寻找途径。

以此为契机，围绕"社会融合、多元共生"主题，本次课程将长辛店老镇作为研究对象，让学生积极地参与到当前城市历史地段更新改造的热点问题讨论中，掌握历史地段设计的理论、方法，了解政府、公众、设计单位在规划设计中的角色、作用，促进学生专业素质全面发展。

2 规划设计范围

2013年《长辛店老镇街区层面控规》获北京市规划委批复，该规划结合地区文化价值、土地权属、空间规模、文保单位和历史建筑分布等因素将老镇街区划分为特色地区和外围地区两部分，其中特色地区规划城市建设用地规模约为36.68公顷。

本次课程设计要求从特色地区中选取不大于30公顷的地段作为规划设计范围（图1）。

3 设计思路要求

自2009年起，长辛店老镇进行了多轮的规划研究工作，包括街区层面控规编制、长辛店老镇中心

图 1　长辛店历史地段规划场地可选择区域

地区城市设计与开发实施策略研究等，改造思路基本稳定为局部更新、整体改造的包容性改造思路。

本次课程设计应延续该思路要求。

4　设计任务要求

（1）深入调查，现状保持现有整体空间格局，优化公共空间及公共环境，营造尺度宜人、具有特色的公共活动场所。

（2）对现有建筑进行保护、改造或重建，保护长辛店老镇特色风貌，实现传统与现代、创新与传承的共生。

（3）挖掘和复兴老镇地区核心文化，延续历史文脉；同时注入现代功能，引入多种业态，激活地区功能。

5　设计成果要求

设计成果内容应包括四部分：规划地段现状分析、规划策略阐释、规划方案表达和效果图展示。

图纸要求：A1 图纸 4 张。

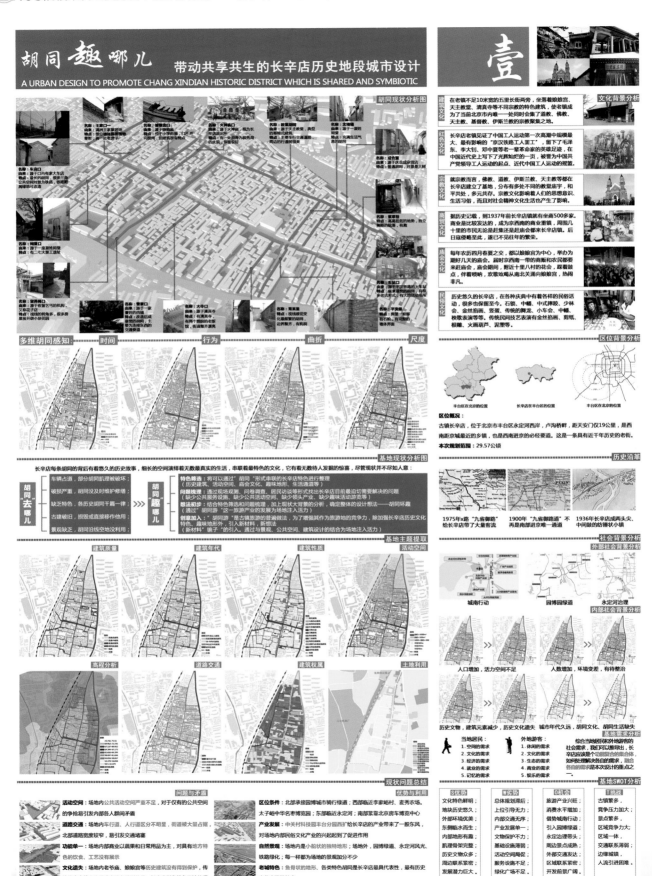

胡同 趣 哪儿

带动共享共生的长辛店历史地段城市设计

A URBAN DESIGN TO PROMOTE CHANG XINDIAN HISTORIC DISTRICT WHICH IS SHARED AND SYMBIOTIC

贰

规划对策
与区域景观的联系

框架解析

设计目标

以"胡同趣哪儿"作为设计理念，希望通过胡同游的方式来复兴长辛店，保护弘扬当地独特的历史文化，并借助旅游产业的发展来刺激当地的产业。整体设计上一方面与区域大背景相接轨，一方面协调解决区域内部游客与居民之间的共生问题，使长辛店成为一个配套完善、特色鲜明，丰富有趣的生活、旅游之地。具体目标如下：

明确区域联系交通途径
整理挖掘历史文化内涵
梳理明晰生活游览流线
明确整理各类人群需求
深化调整流线功能结构
完善提高空间环境品质

方案生成

特征分析 **规划对策** **场所营造**

第一层级
形式：环形漫步走廊
作用：引入外围人群强化地势高差连接各大胡同解决交通问题

方案推演

step1 园博绿道引入

"绿道引入"作为一种手段，对外使长辛店与周边景点成为一体，对内衔接慢行环道。

step2 历史胡同串联

绿道引入之后，与慢行环道相接，各个分散的胡同通过慢行环道得到有效的串联。这样无论是当地居民还是外来游客的生活游览路线都能更加连贯、清晰。

step3 沿途功能整理

结合现状及功能分区，对环形慢行步道沿线以及重要历史胡同沿线进行功能整理和置换，使沿线功能复合，整体更加完善、丰富。

第二层级
形式：各个历史胡同
作用：连接各大景点解决交通问题

共享共生——生活游览流线展示

年轻人便捷路线 **老年人活动路线**

通过对年轻人上下班需求的考虑，结合场地现状条件，对年轻人出行线路进行梳理及拓宽。

通过对老年人日常活动内容、生活需求的考虑，结合场地现有设施，对场地进行设施、无障碍通道等的补充，使其在生活区域内进行活动流线的梳理。

游客半日游路线 **游客一日游路线**

针对短时间游览的游客，规划半日游线路。以大数了解长辛店历史文化为主。并在主要出入口设纪念品商店或小作坊，满足游客需求。

针对长时间游览的游客，规划一日游线路。在充分了解长辛店历史文化的基础上，细致感受当地产业文化，和独特地形带来的趣味空间。

第三层级
形式：室外连接楼梯各类景点商业
作用：连接一二层级提供各类服务

游客两日游路线一 **游客两日游路线二**

针对时间充裕的游客，规划两日游路线。此时长辛店作为众景点之一，还提供景点合作游览方案，加强区域合作。

由于游客到达地点不同，我们提供两条游览线路。

胡同趣哪儿

带动共享共生的长辛店历史地段城市设计

A URBAN DESIGN TO PROMOTE CHANG XINDIAN HISTORIC DISTRICT WHICH IS SHARED AND SYMBIOTIC

叁

总平面图

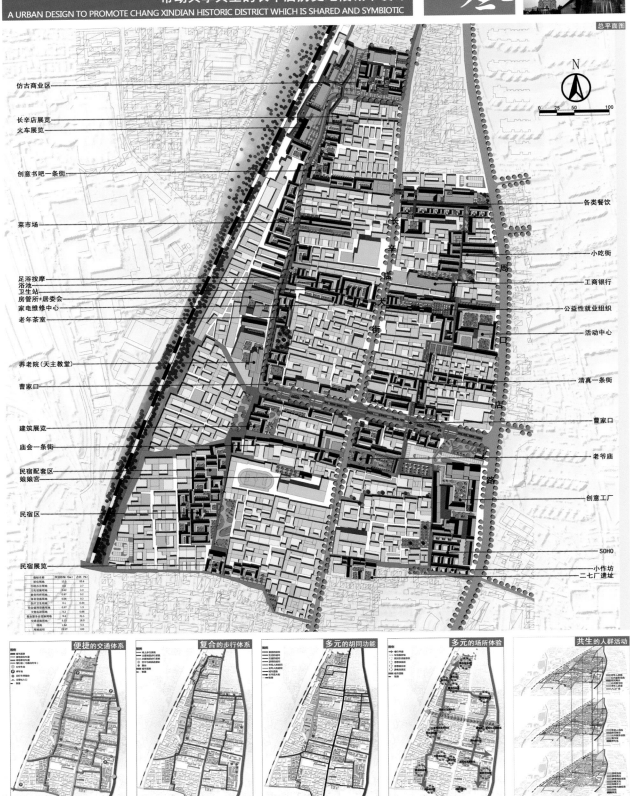

仿古商业区

长辛店展览
火车展览

创意书吧一条街

菜市场

足浴按摩
浴池
卫生站
房管所+居委会
家电维修中心
老年茶室

养老院（天主教堂）

曹家口

建筑展览

庙会一条街

民宿配套区
娘娘宫

民宿区

民宿展览

各类餐饮

小吃街

工商银行

公益性就业组织

活动中心

清真一条街

曹家口

老爷庙

创意工厂

SOHO

小作坊
二七厂遗址

便捷的交通体系

复合的步行体系

多元的胡同功能

多元的场所体验

共生的人群活动

胡同 趣 哪儿

带动共享共生的长辛店历史地段城市设计

A URBAN DESIGN TO PROMOTE CHANG XINDIAN HISTORIC DISTRICT WHICH IS SHARED AND SYMBIOTIC

牌

基地西侧天际线

眺望点（创意工厂内） 眺望点（公共活动中心内） 天主教堂 眺望点（创意书吧内） 眺望点（餐饮街内） 入口牌楼

道路断面示意图

曹家口 东侧环廊
长辛店入口 教堂剖面图

胡同"趣"哪儿： 古建"趣" 环境"趣" 商业、空间"趣"

环道"趣"哪儿

教堂胡同
北墙角
修缮教堂；拓宽中段道路；拓宽东侧人行道，设置景平台
结合现状改造成创意书吧一条街
设计入口广场；结合现状改造成仿古商业区
车站口

大寺口
成合里
曹家口
修缮古建，增设清真服饰、餐饮、书店等，打造清真胡同
保护对景大树；结合窗台完善生活绿化
修改道路形式，改变车辆占道，人无处可走的局面

火神庙口
双合里
赏裘巷
设舞台，修古建，复原旧时庙会场景
结合现状改造成特色餐饮街；结合现状墙体设文化墙
增设长辛店展览室；美化沿线环境

娘娘宫口
王家口
育英里
修古建，增设古建赏析展览室
修缮道路，保护暴露的古基石；美化沿线环境
结合现状餐饮设屋顶休闲平台

福寿口
留养局口
车站口
修缮古建；完善公共活动空间；临出入口设小作坊
结合现状，完善美化屋前绿化
在三角空间设趣味哈哈镜；增设民俗生活展室

西侧环道其它"趣"点
入口牌楼
入口广场

火车展览前广场
消失的胡同

树屋及赏景平台
民宿区

东侧环道其它"趣"点
小吃一条街
儿童游戏展览室

公共活动中心
创意工厂

横向连廊
曹家口人行步道
东侧环道其它"趣"点

总平面图

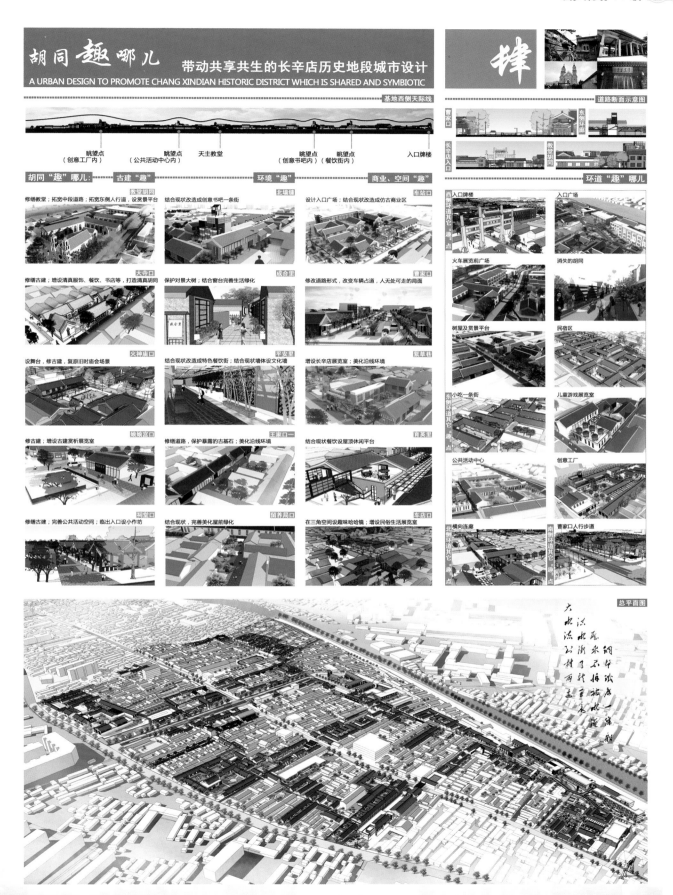

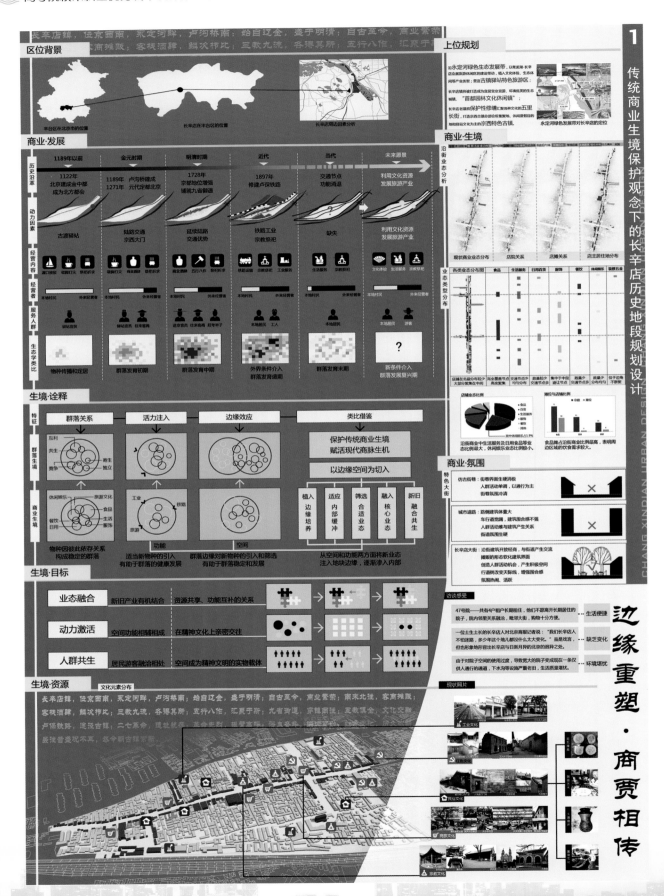

传统商业生境保护观念下的长辛店历史地段规划设计

边缘重塑·商贾相传

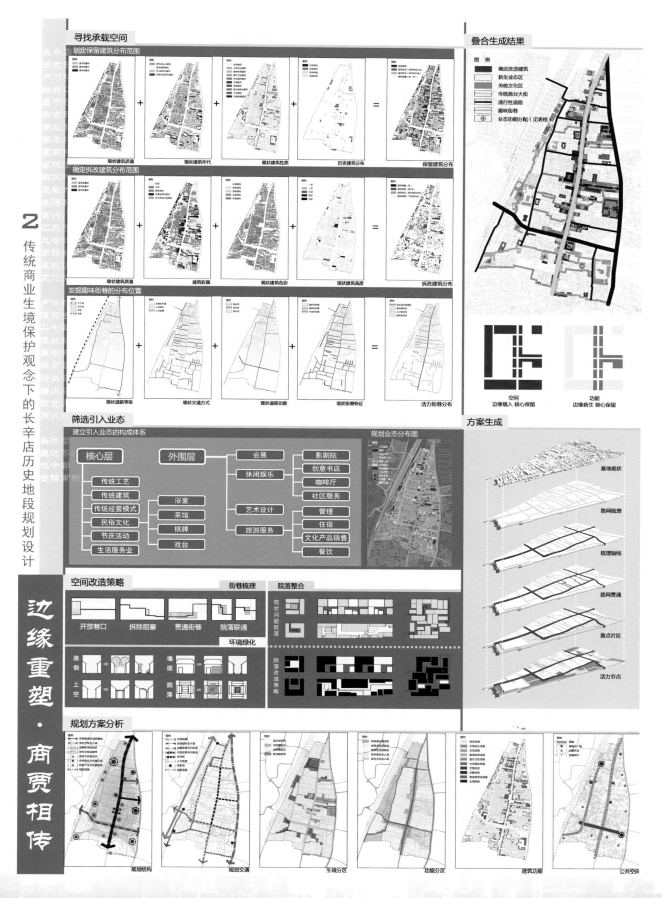

寻找承载空间

划定保留建筑分布范围

确定拆改建筑分布范围

发掘趣味街巷的分布位置

筛选引入业态

建立引入业态的构成体系

核心层　外围层　会展　影剧院
传统工艺　　休闲娱乐　创意书店
传统建筑　浴室　　咖啡厅
传统经营模式　茶馆　艺术设计　社区服务
民俗文化　棋牌　　管理
节庆活动　戏台　旅游服务　住宿
生活服务业　　　文化产品销售
　　　　　餐饮

叠合生成结果

方案生成

基地现状
路网梳理
梳理轴线
路网贯通
重点片区
活力节点

规划业态分布图

空间改造策略

街巷梳理　院落整合

开放巷口　拆除阻塞　贯通街巷　院落联通

环境绿化

规划方案分析

规划结构　规划交通　生境分区　功能分区　建筑功能　公共空间

边缘重塑·商贾相传

2 传统商业生境保护观念下的长辛店历史地段规划设计

空间结构分析　　　　　　　　　　　　总平面图

艺术家微社区
二七革命遗址
娘娘宫遗址展示
创艺工作展示基地
长辛店老镇影剧院
长辛店老物件陈列室
长辛火车站博物馆
传统建筑工艺展示
酱醋生产工艺展示
大街商业氛围体验

北

0　10　　50　　　100 m

活力注入点　　　　　**传统延续点**

1.游客接待中心及停车场
2.车站餐饮接待中心
3.长辛店火车站博物馆
4.车站广场
5.长辛店老物件陈列室
6.休闲书吧
7.艺术品展览馆
8.创艺餐厅
9.社区活动中心
10.小贩中心美食街
11.艺术工作者微社区
12.创艺工作展示园
13.创艺工作室
14.休闲住宿及停车场
15.社区商业服务中心
16.少年之家艺术教育
17.曹家口铁钱铸地
18.曹家口市民广场
19.老镇歌剧院
20.老镇歌舞厅
21.神心点派出所

1.传统民宿客栈
2.菜馆饮场则牌室
3.传优酱醋生产工艺展示馆
4.聚永永图书阁食店
5.长辛店第二百货大楼
6.国俗文化展示街
7.长辛店老爷庙
8.传统建筑工艺展示园
9.尹氏玻璃店
10.传统浴室
11.云盈号布店
12.天和水药铺
13.长辛店清真寺
14.刘家铁铺
15.天主教设及养老院
16.街角游商经营空间
17.传统民贸粮油市场
18.长辛店娘娘庙
19.长辛店火神庙
20.工人补习
21.学校旧址

用地平衡表

用地类型	用地规模(公顷)	比例
R 居住用地	16.24	54.17%
A1 行政办公用地	0.47	1.57%
A2 文化设施用地	1.82	6.05%
A3 教育科研用地	1.26	4.19%
A5 医疗卫生用地	0.04	0.14%
A6 社会福利设施用地	0.27	0.89%
A7 文物古迹用地	0.14	0.46%
A9 宗教设施用地	0.16	0.52%
B 商业服务业设施用地	3.38	11.29%
S 交通设施用地	5.59	18.63%
G 绿地	0.62	2.08%
用地面积	29.98	100.00%

技术经济指标

规划用地面积：29.98公顷
规划建筑面积：183464 m²
容积率：0.61
建筑密度：57.03%
绿地率：8.76%
停车率：0.66辆/户

边缘重塑·商贾相传

传统商业生境保护观念下的长辛店历史地段规划设计

CHANG XINDIAN URBAN DESIGN

3

边缘重塑·商贾相传

传统商业生境保护观念下的长辛店历史地段规划设计

4

CHANG XINDIAN URBAN DESIGN

新生业态植入

车站口文化会展区　　南部艺术家微社区　　南部艺术家工作区

曹家口娱乐休闲区　　小贩中心与传统酱醋工艺展示园　　国营粮店与火山庙社区中心

传统业态展示

长辛店大街传统商业街　　建筑工艺体验展示园　　长辛店娘娘宫道教文化展示空间

长辛店传统民俗工艺一条街　　长辛店清真寺伊斯兰教文化空间　　长辛店天主教堂文化展示空间

商业生境效果图

长辛店大街效果图　　车站口效果图

长辛店车站效果图　　聚来永美食街效果图

曹家口休闲娱乐广场效果图　　长辛店第二百货大楼效果图

生境建筑改造策略

建筑形式更新

包　叠　连　换

补　架　挖　骨

沿街店铺立面改造　　建筑功能更新

餐饮/咖啡　　服饰

生活服务/零售　　日用品/零售

开放民宿　　体验活动　　用于展览

沿街商摊形式统一

生活服务　　食品零售　　果菜食品

街道立面效果

长辛店大街西立面图

曹家口大街　　长辛店天主教堂　　传统布店　　传统玻璃店　　社区卫生服务站　　长辛店第二百货大楼

长辛店大街东立面图

长辛店老爷庙　　传统浴室　　传统药铺　　长辛店清真寺　　长辛店工人俱乐部旧址——刘家铁铺　曹家口大街　　传统国营粮油店　　长辛店火神庙

长辛店火车站立面图

长辛店铁路桥　　长辛店宾馆　　车站咖啡厅　　车站管理处　长辛店火车站及长辛店历史文化展览厅　　艺术作品展览馆　　车站餐厅

边缘重塑，商贾相传；
寒来暑往，不接青黄；时兴时落，今来古往；
商业演替，迷离扑朔，踏勘走访，梳理脉络，抽丝剥茧，步步开拓；
传统经营，夕阳势弱；二七工厂，腾退迁挪；宗教聚集，文脉瀊阔；
破旧立新，势不可弱；新旧融合，尽在边廓；重塑边缘，以新带过；商贾相传，产业红火！

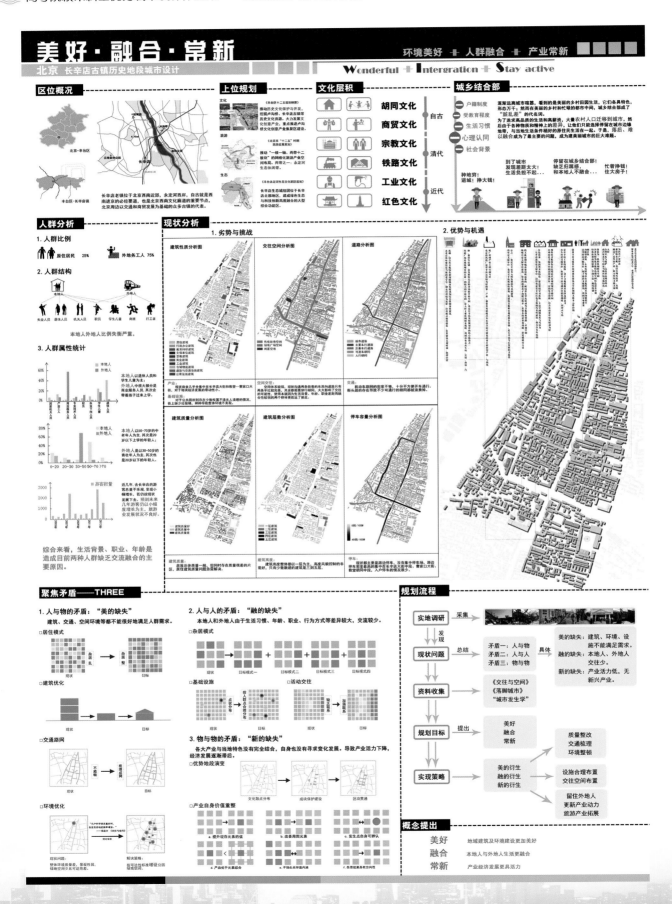

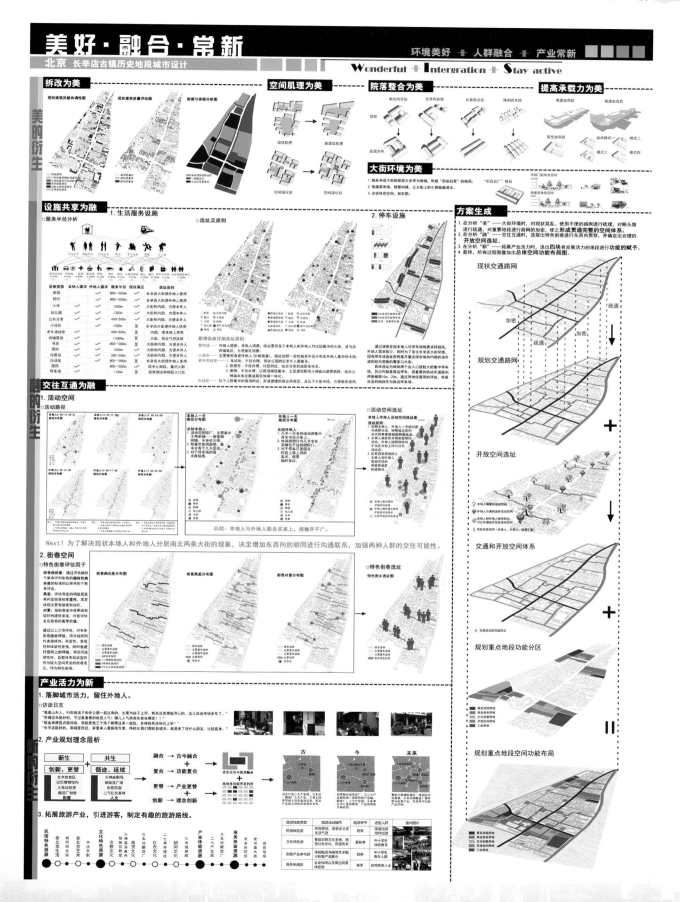

美好·融合·常新

北京 长辛店古镇历史地段城市设计

环境美好 → 人群融合 → 产业常新

Wonderful → Intergration → Stay active

拆改为美

空间肌理为美

院落整合为美

提高承载力为美

大街环境为美

设施共享为融

1.生活服务设施

2.停车设施

方案生成

交往互通为融

1.活动空间

Next! 为了解决现状本地人和外地人分居南北两条大街的现象,决定增加东西向的胡同进行沟通联系,加强两种人群的交往可能性。

2.街巷空间

产业活力为新

1.落脚城市活力,留住外地人。

2.产业规划理念层析

3.拓展旅游产业,引进游客,制定有趣的旅游路线。

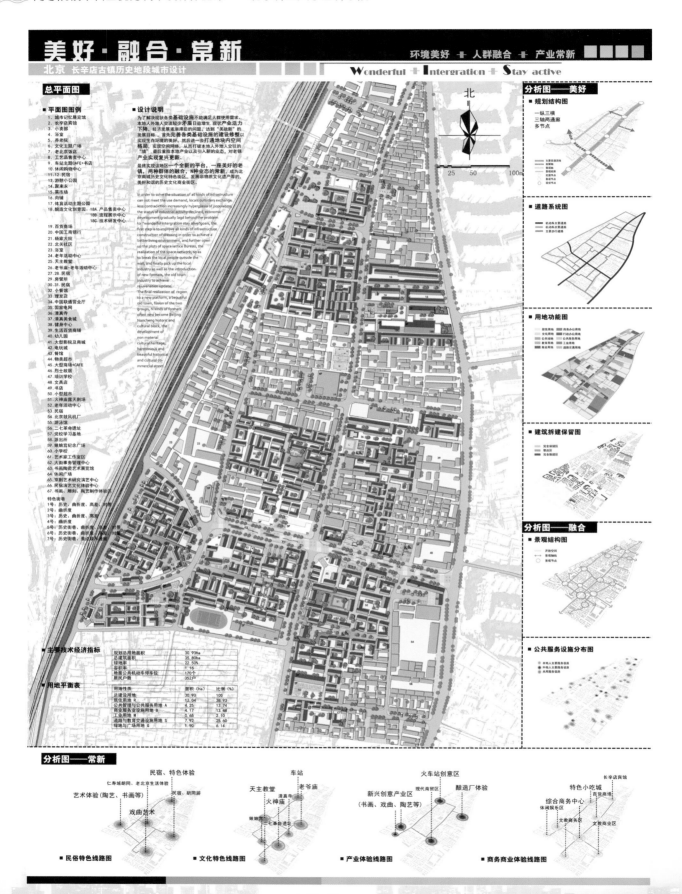

美好 · 融合 · 常新

北京 长辛店古镇历史地段城市设计

环境美好 ➔ 人群融合 ➔ 产业常新

Wonderful ➔ **I**ntergration ➔ **S**tay active

整体鸟瞰图

节点效果图

节点1-2 老火车站地段、酿造厂地段

老火车站转型为集商务展览、休闲娱乐、美食畅享为一体的文旅创意区。
酿造厂则是集酿造特色文化和商务展示文化为一体的创意研发区。

"美好"

1.老火车站:将原有的小空间改造为环境优美的开放环境空间,对于形象差的建筑则进行院落梳理和建筑改造,使其形成统一的传统胡同风格。
2.酿造厂:大街不仅仅设计中型公共开放空间来美化环境,还改良了建筑形式,使整体更加和谐美观。

"融合"

两个地段是新旧文化结合设计,同时根据本地人和外地人的不同需求,结合他们的活动路径,在大街和地块内部设置不同的开放空间,满足不同人群需求,促进交流。

"常新"

两个地块结合一定流线设计,适合发展旅游、文化体验等产业,拉动地块活力,业态更丰富。

节点3 特色街巷地段

"美好"

1.特色街巷环境整治和周边建筑改造都体现了传统风貌之美。
2.中间的大型开放空间,结合周边建筑形成幽静的传统老胡同美景,营造良好的环境。

"融合"

这条贯通的胡同,为常在大街活动的外地人和教堂胡同活动的本地人架起了沟通的桥梁,促进本地人之间的交流融合。

"常新"

特色街巷开放空间定位为民俗体验区,在保证本地人正常生活的同时,发展民宿及胡同生活体验,使原本萧然失色的居住街巷变得活力四射的居民活动、特色胡同定为一体的特色街巷。

节点4 火神庙、娘娘宫、创意产业园一体化设计

火神庙、娘娘宫、创意产业园将原有美观性强的空间予以保留,其余整修。三个地块都注重开放空间设计,美化环境。

"融合"

1.火神庙将原有宗教文化和老北京生活文化进行融合,将其定位为现代娱乐场所;
2.娘娘宫也如此,设计加强宗教文化、休闲娱乐的综合型功能;
3.创意产业园的设计与火神庙和娘娘宫结合设计,形成贯通的绿色活动空间,加强街道的贯通性,促进本外人群的融合。

"常新"

1.娘娘宫和火神庙结合现代空间,转型为集文化休闲娱乐为一体的旅游区;
2.创意产业园将老北京文化和当地文化形成旅游体验为主的产业。

▽ 酿造厂-中型开放空间-内街-菜场小鸟瞰

▽ 城市记忆博物馆-休闲广场透视

▽ 老火车站前入口小广场

▽ 火神庙院落入口空间

▽ 特色街巷大型开放空间表现

▽ 车站前大街北侧透视

▽ 酿造厂入口表现

▽ 创意产业入口小广场

▽ 商场街景空间表现

▽ 沿街小型公共活动空间表现

▽ 大街休闲游憩空间

城乡规划10级

潮间带——北京市海淀区车耳营历史地段城市设计
张文蕊 李　璇

心灵驿站——北京市海淀区车耳营历史地段城市设计
张海洋 高　珊

DAY NIGHT——北京青龙桥历史地段城市设计
杨佳迎 邵珊珊

任务书

1 选题背景

北京浅山区是山区与平原的过渡地带，环境优美、资源丰富、古迹众多。随着北京经济发展和人口规模的快速增长，浅山区面临强烈的开发建设需求。基于此，2011年编制完成的《北京市浅山区协调发展规划（2010—2020年）》提出坚持生态优先的原则，把浅山区建设成为经济繁荣、生态友好、生活便利、城乡一体的和谐首善之区的目标。

车耳营社区位于北京市西北、大西山山前片区，是典型的浅山社区类型，因明代军队驻扎而形成并留名。这里资源条件优越，北接阳台山自然风景区，内有北魏石佛塔、妙峰山进香古道等。如今，车耳营已经成为苏家坨西部休闲旅游区的重要组成部分。但是，这里面临着浅山区社区发展的典型问题，如空间结构混乱、建筑风貌不协调、产业重复、文化特色缺失等。

以此为契机，围绕"回归人本、溯源本土"主题，本次课程将车耳营社区作为研究对象，让学生积极地参与到北京市当前城市建设热点问题讨论中，掌握社区调研方法、学习，并运用生态保护与城镇发展的相关思想理念和规划设计手法。

2 规划设计范围

规划设计范围为车耳营社区集中建设区，整体呈东西带状形态，本次课程设计要求从中选取不大于30公顷的地段作为规划设计范围（图1）。

图1 规划场地可选择区域

💧3 设计思路要求

生态优先，尊重地形地貌、保护原有社区肌理特征，通过规划设计更有效地平衡和支撑生态与发展、社区和旅游的协调关系。

💧4 设计任务要求

（1）深入调查现状空间特征，尊重现有整体空间格局，优化公共空间及公共环境，营造具有地方特征、尺度宜人的社区空间。

（2）整体分析社区与凤凰岭风景区、苏家坨休闲旅游带的关系，确立合理的社区功能定位。

（3）挖掘和复兴地方特色历史文化，完善和提升地区功能。

💧5 设计成果要求

成果内容应包括四部分：规划地段现状分析、规划策略阐释、规划方案表达和效果图展示。

图纸要求：A1 图纸 4 张。

北京市海淀区车耳营历史地段城市设计

潮河带

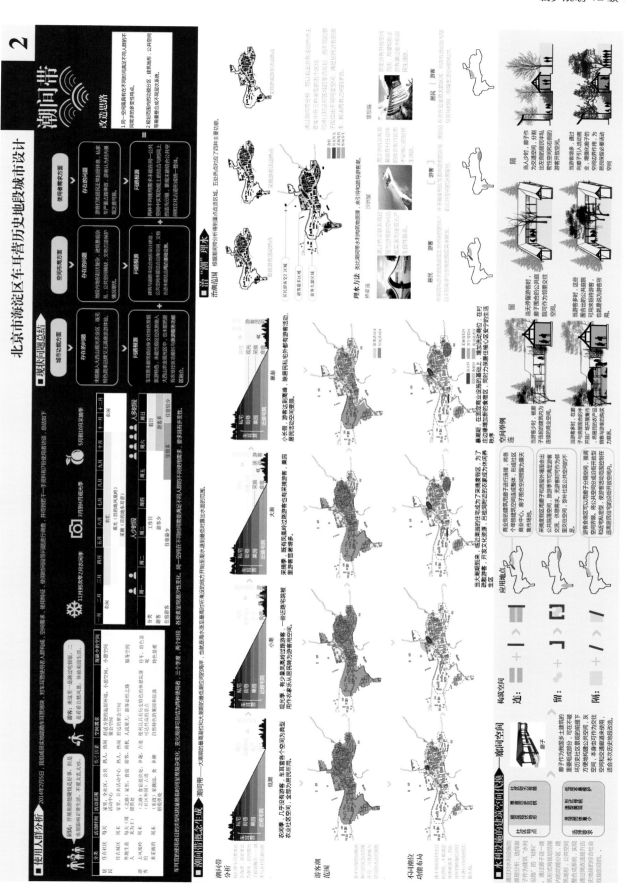

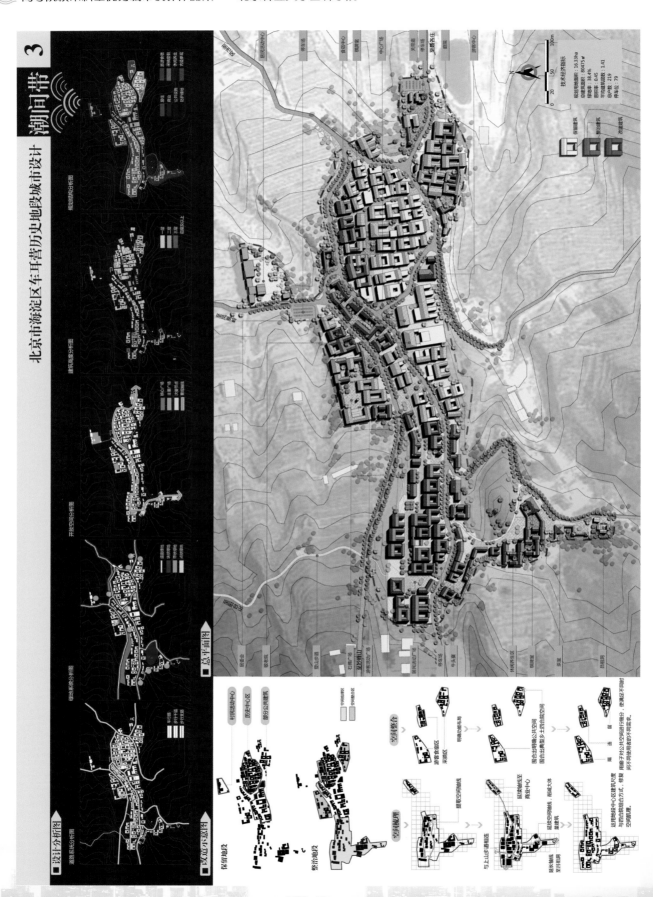

3

潮间带

北京市海淀区车耳营历史地段城市设计

规划结构分析图

建筑高度分析图

开放空间分析图

绿地系统分析图

道路系统分析图

■设计分析图

■区位示意图

■总平面图

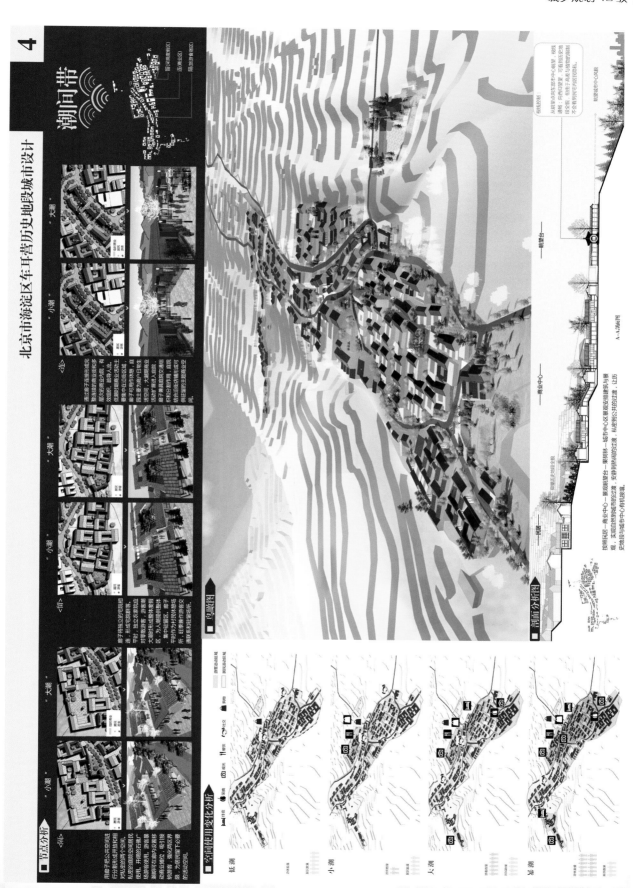

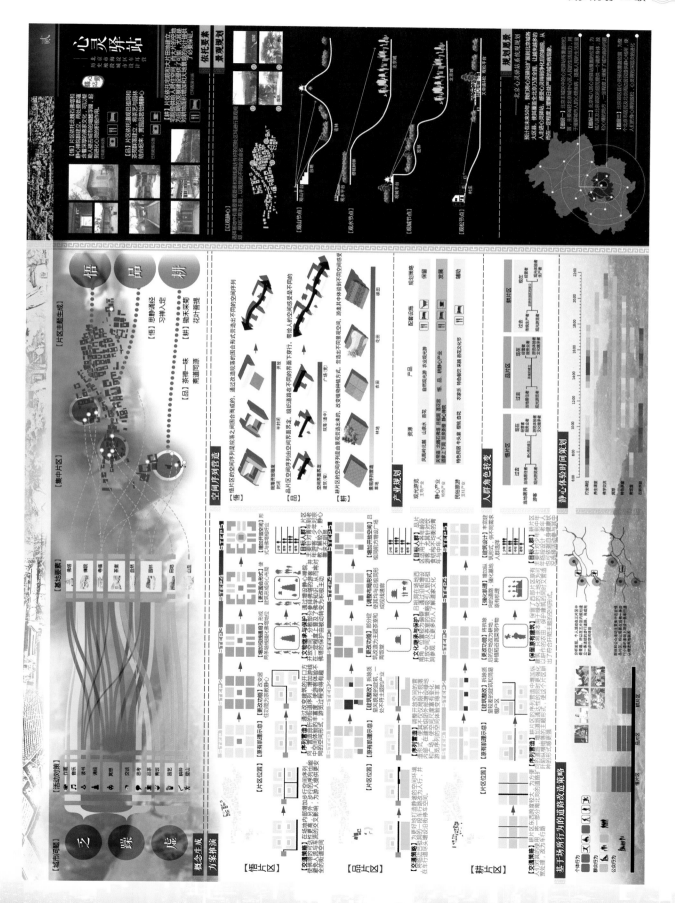

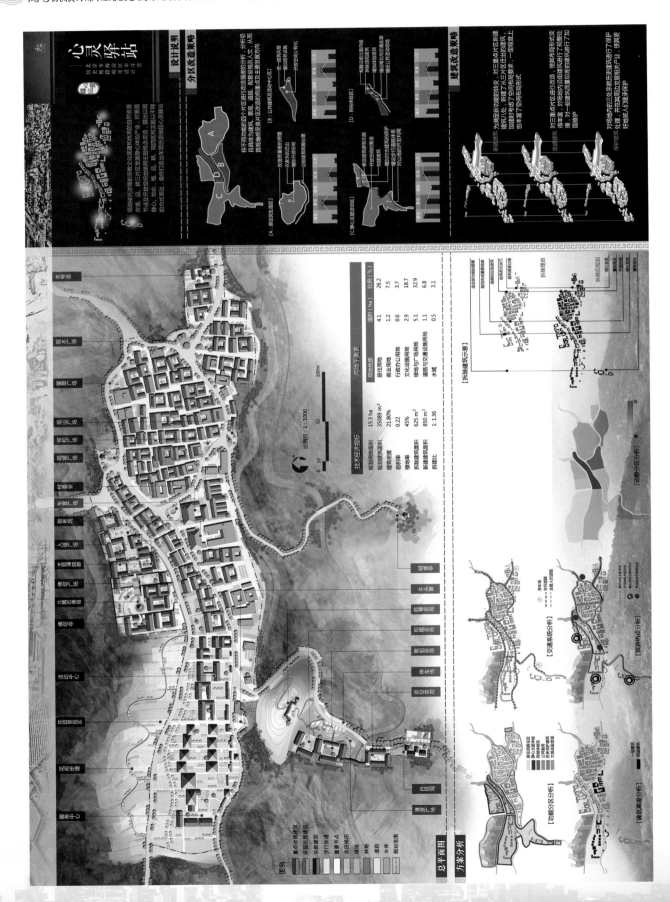

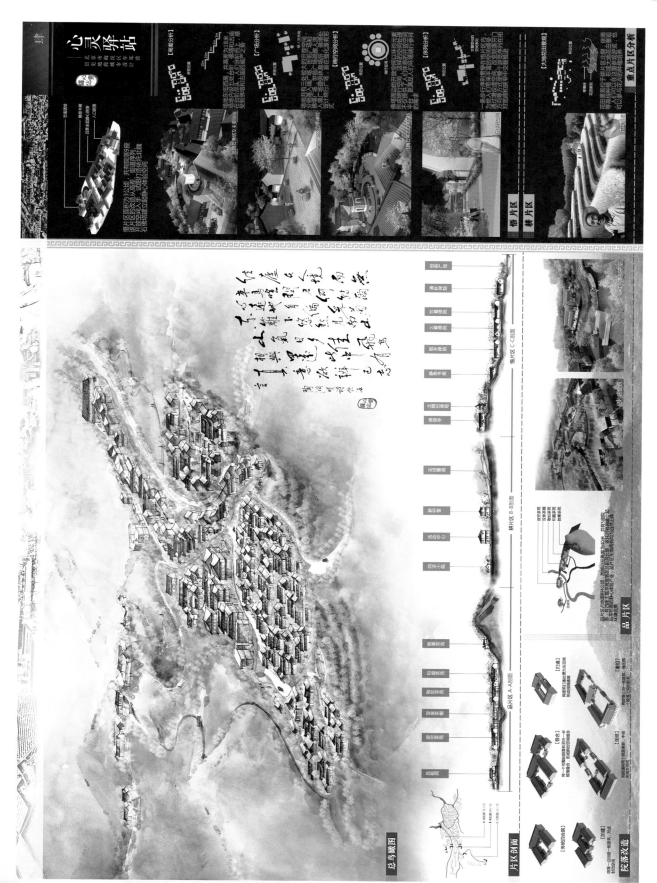

任 务 书

◈ 1 选题背景

北京市第十一次党代会报告明确了把推动海淀三山五园历史文化景区建设列为北京历史文化名城保护的重要组成部分。从 2013 年起，全力推进三山五园历史文化景区建设成为海淀区的重要任务之一，三山五园历史文化景区发展规划也随之开展，同时各大院校、研究单位也开始一系列持续、深入的研究。

青龙桥历史地段位于颐和园北宫门北部，是三山五园历史文化景区一部分，是在历史文化街区保护中，属于颐和园保护的建设控制地带。元代时这里是济漕之水入昆明湖处，为了控制水量在此处建闸，名叫青龙闸。明清时期这里为青龙桥镇，日伪时期镇上买卖衰落、市集萧条。中华人民共和国成立后，随颐和园的繁荣和附近城市建设，青龙镇才日渐兴旺。

青龙桥镇同时也是海淀区遗留下的三大古镇之一，由于其他的两个古镇——清河镇和海淀镇已经高度城市化，所以可以恢复古镇面貌的唯有青龙桥地区。现留有青龙桥老街、明成化年间娘娘庙、清乾隆年间重修的慈恩寺、民国十三年的圆通庵和隐修等历史遗迹。由于紧邻颐和园，旅游的人很多，地段内私搭乱建情况严重。基于此，2013 年 5 月，海淀区启动了对该地区的整治工作，期望能再现古镇风貌，与"三山五园"景区融为一体。

以此为契机，围绕"回归人本、溯源本土"主题，本次课程将青龙镇历史地段作为研究对象，让学生积极地参与到当前城市历史地段更新改造的热点问题讨论中，掌握历史地段设计的理论、方法，了解政府、公众、设计单位在规划设计中的角色、作用，促进学生专业素质全面发展。

◈ 2 规划设计范围

地段位于颐和园北宫门北部、京密引水渠东、中央党校西侧、地铁四号线安河桥北站南边。颐和园北边界、京密引水渠、颐和园路和香山路为地段规划设计边界，整体规模约 13 公顷（图 1）。

◈ 3 设计思路要求

在三山五园的视野下考虑地段未来的发展和规划建设，特别是与颐和园在功能、景观、交通等关系上的协调，同时，充分挖掘地段历史文化特色，延续地段场地空间特征。

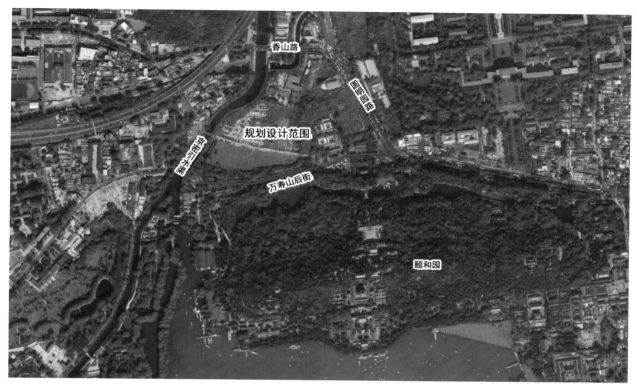

图 1　青龙桥历史地段规划场地可选择区域

4　设计任务要求

（1）深入研究地段所处区位与周边用地功能的关系，明确地段未来发展地位。
（2）协调地段与颐和园在景观、交通等方面的关系，塑造整体有机的颐和园片区环境。
（3）挖掘地段文化历史、空间特色，重塑青龙桥古镇活力。

5　设计成果要求

成果内容应包括四部分：规划地段现状分析、规划策略阐释、规划方案表达和效果图展示。
图纸要求：A1 图纸 4 张。

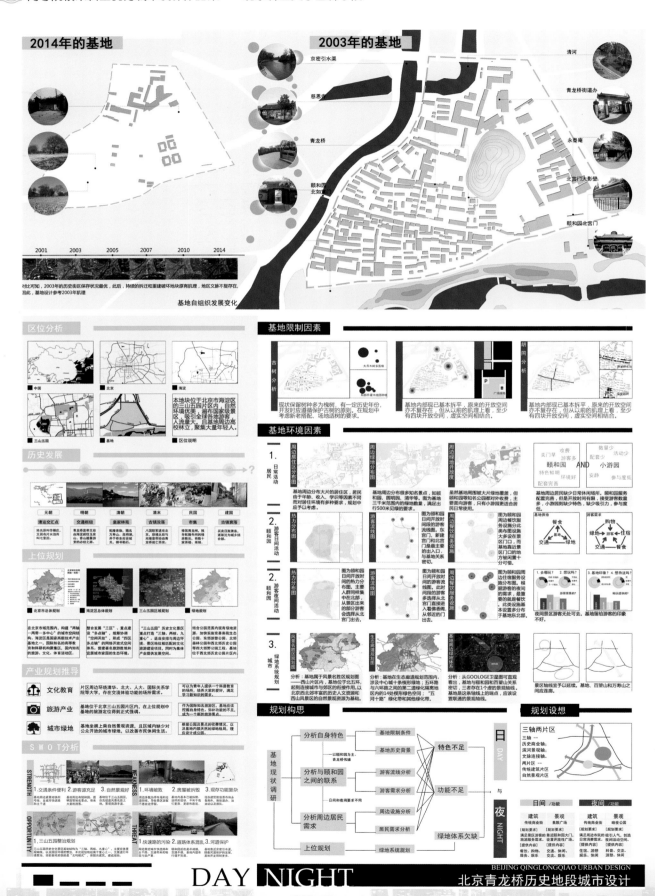

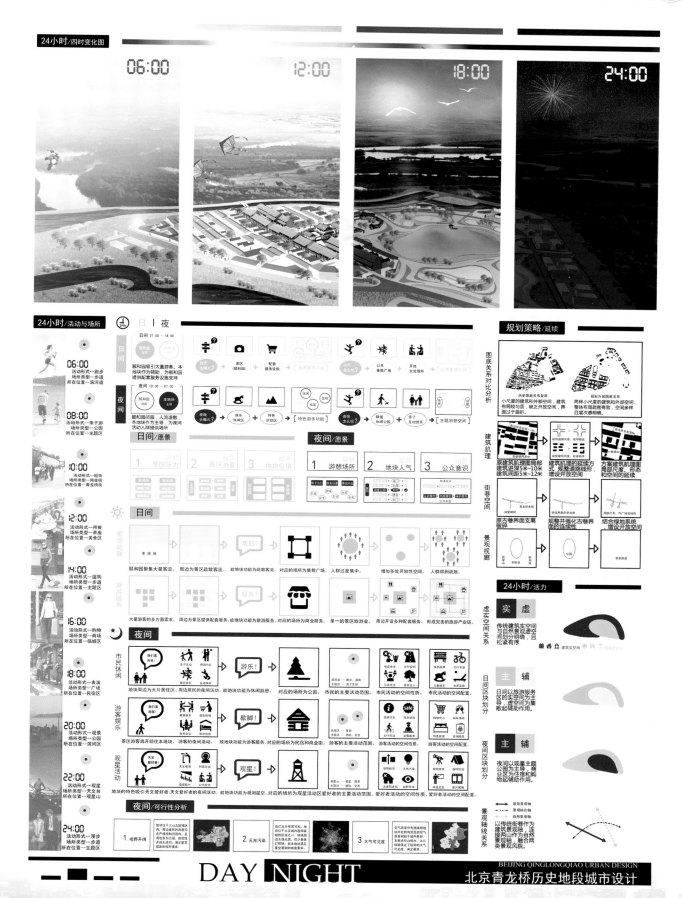

DAY NIGHT

BEIJING QINGLONGQIAO URBAN DESIGN
北京青龙桥历史地段城市设计

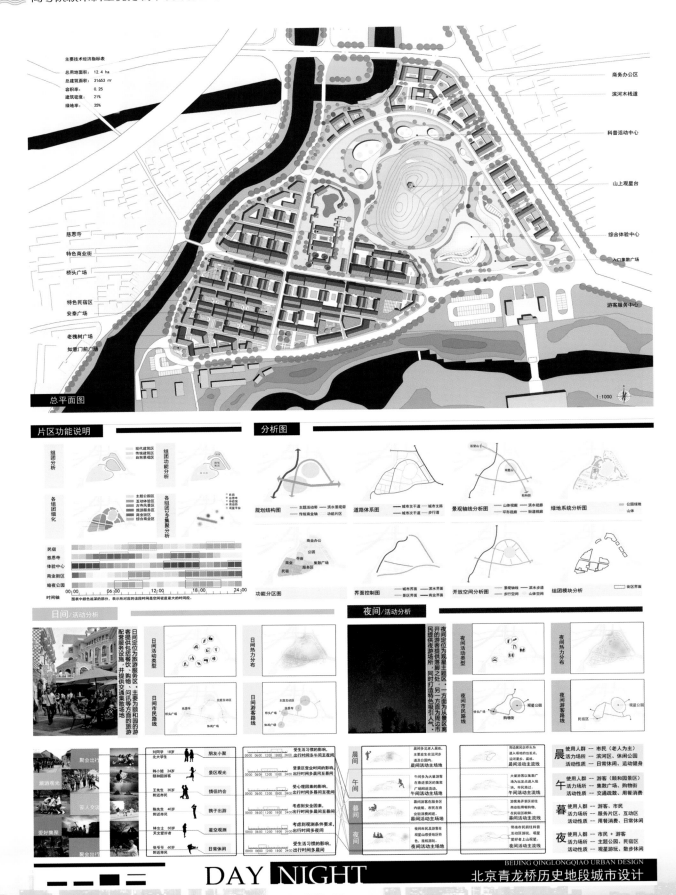

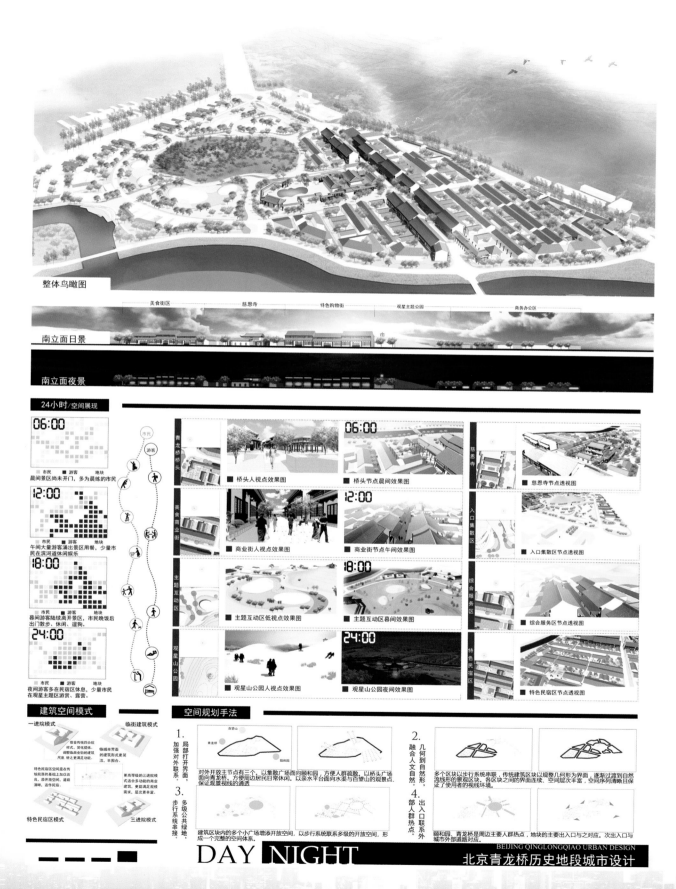

整体鸟瞰图

美食街区　　慈恩寺　　特色购物街　　观星主题公园　　商务办公区

南立面日景

南立面夜景

24小时/空间展现

建筑空间模式

空间规划手法

DAY NIGHT

城乡规划09级

绿色生长脊——奥运公园东区城市设计

付　歌　董南希（佳作奖）

从城市到森林——奥运东区城市规划设计

邓莹莹　赵　璐

城市叶脉——创新与生态导向六郎庄复兴设计

杨一群　付　喆（佳作奖）

任 务 书

💧1　选题背景

　　北京奥林匹克东区位于北京市朝阳奥林匹克公园东部，是奥林匹克公园配套设施的预留用地。

　　奥林匹克公园位于北京市朝阳区，是 2008 年北京奥运会和残奥会的奥运公园；这里还将作为北京赛区的核心区域，举办 2022 年冬奥会和冬残奥会的部分冰上项目。公园南起北土城东路，北至清河，东至安立路和北辰东路，西至林萃路和北辰西路，跨越北四环和北五环，总占地面积 11.59 平方千米，包括先前已经建成的国家奥林匹克体育中心和一座森林公园。奥林匹克公园也是北京中轴线向北延长的工程，中轴线在公园设计中占据了重要的地位——中轴线由城市引出，穿过奥运场馆群，最终消失在森林公园的山水之间。

　　2008 年赛时，奥林匹克公园设有包括国家体育场在内的 10 个比赛场馆、奥运村，以及相应的配套设施。2022 年冬奥会期间，将有 7 座竞赛和非竞赛设施设在奥林匹克公园，其中既包括利用国家体育场等 2008 年奥运场馆，也有国家速滑馆和冬奥村等新建设施。

　　在赛后利用的规划中，奥林匹克东区将承担奥林匹克公园的科教、文化、休闲、购物等多种内容在内的综合性市民公共活动中心功能。这个题目一方面有益于学生掌握城市重要体育中心最新的规划设计思路和方法，另一方面也有益于引导学生扩展思路，以创新的思路考虑体育功能区未来的使用。

💧2　规划设计范围

　　规划区域位于北京市朝阳区奥林匹克公园的中心区域，北四环路北侧，东至北辰东路，南至成府路，西至水系东侧路，北至大屯路。南北长 1346 米，东西最宽处 350 米，总占地面积约 40 公顷（图 1）。

💧3　设计思路要求

　　深入了解和分析奥林匹克运动场所可持续使用的问题，深入思考奥林匹克公园中待利用地的空间利用、交通组织、景观设计等方面的现状问题，提出规划策略和规划设计方案。

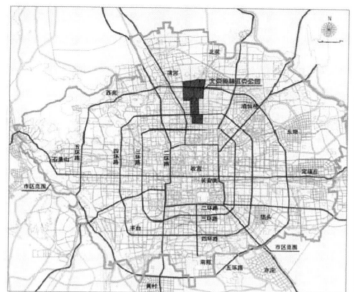

图 1　规划场地设计范围

🔥 4　设计任务要求

（1）优化奥林匹克公园的功能和交通组织，使场所的使用符合后奥运时期的功能要求。

（2）优化提升奥林匹克园区的影响力和活力，促进体育运动功能与文化娱乐、休闲购物的后奥运特色协调融合。

（3）优化公共空间及公共环境，营造具有特色、充满活力的公共活动场所。

🔥 5　设计成果要求

设计成果内容应包括四部分：规划地段现状分析、规划策略阐释、规划方案表达和效果图展示。

图纸要求：A1 图纸 4 张。

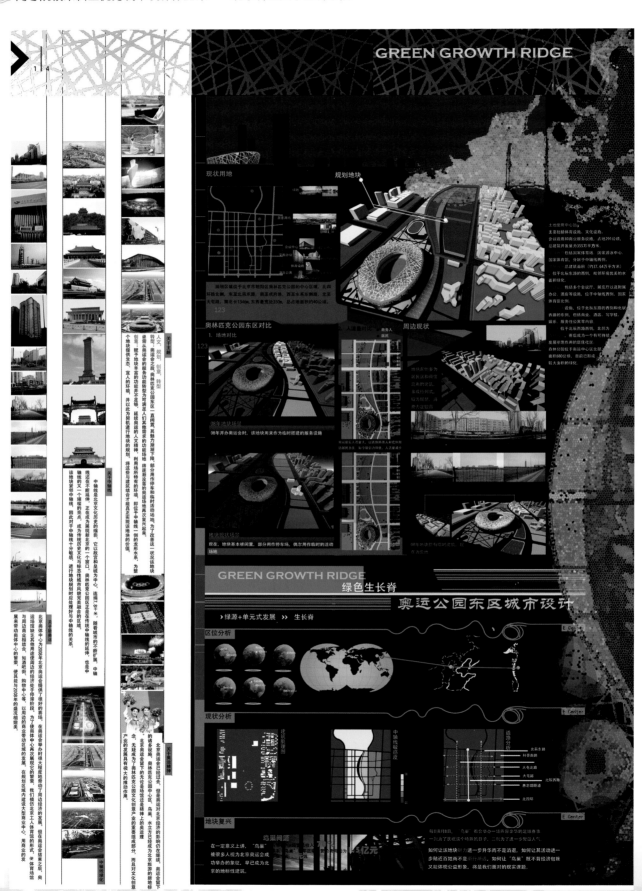

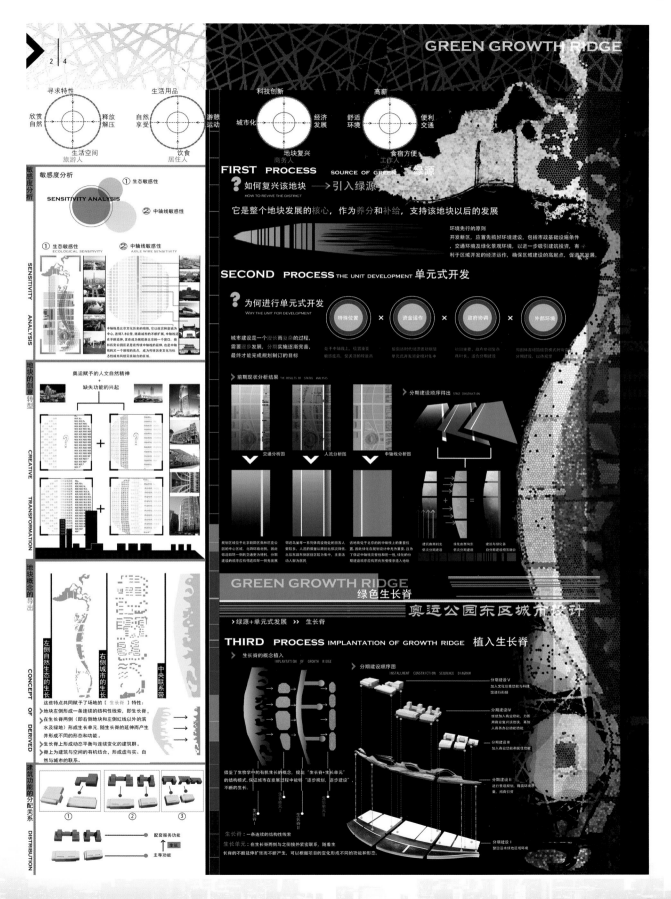

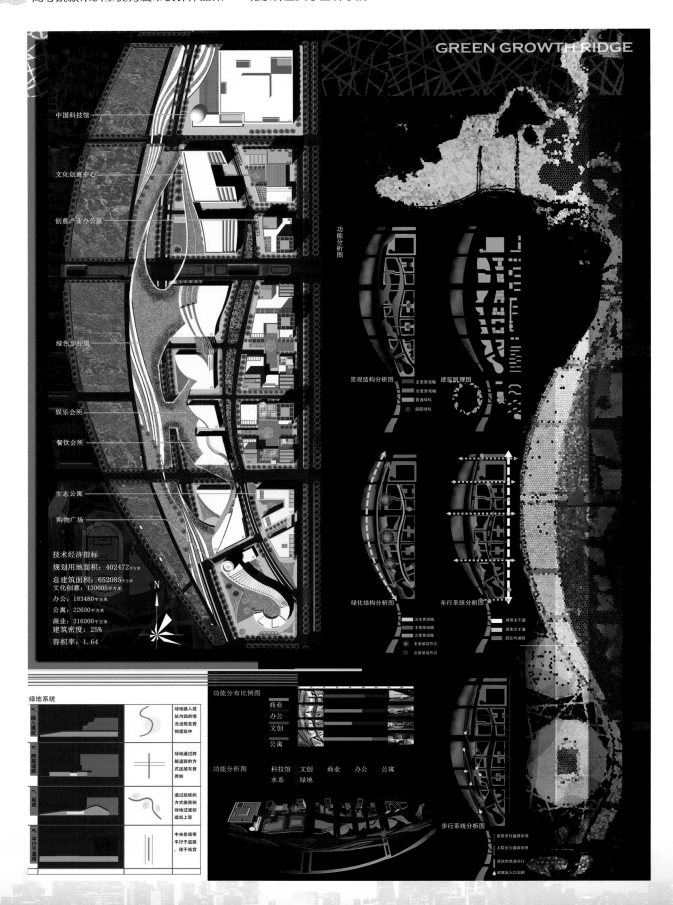

GREEN GROWTH RIDGE

中国科技馆

文化创意中心

创意产业办公区

绿色步行道

娱乐会所

餐饮会所

生态公寓

购物广场

技术经济指标
规划用地面积：402472平方米
总建筑面积：652085平方米
文化创意：130005平方米
办公：183480平方米
公寓：22600平方米
商业：316000平方米
建筑密度：25%
容积率：1.64

N

功能分析图

景观结构分析图　　建筑肌理图
主要景观轴
次要景观轴
普通绿化
庭院绿化

绿化结构分析图　　车行系统分析图
滨水景观轴　　　　城市主干道
主要景观轴　　　　城市次干道
次要景观轴　　　　园区内道路
主要景观节点
次要景观节点

绿地系统

插入建筑
绿地插入建筑内部的情况出现在西侧建筑中

跨越道路
绿地通过跨越道路的方式连接东西两侧

起坡
通过起坡的方式使西侧绿地过渡到建筑上层

平行于道路
中央景观带平行于道路，便于观赏

功能分布比例图
商业
办公
文创
公寓

功能分析图
科技馆　文创　商业　办公　公寓
水系　　绿地

步行系统分析图
底层步行道路系统
上层步行道路系统
建筑内景步行
起城出入口台阶

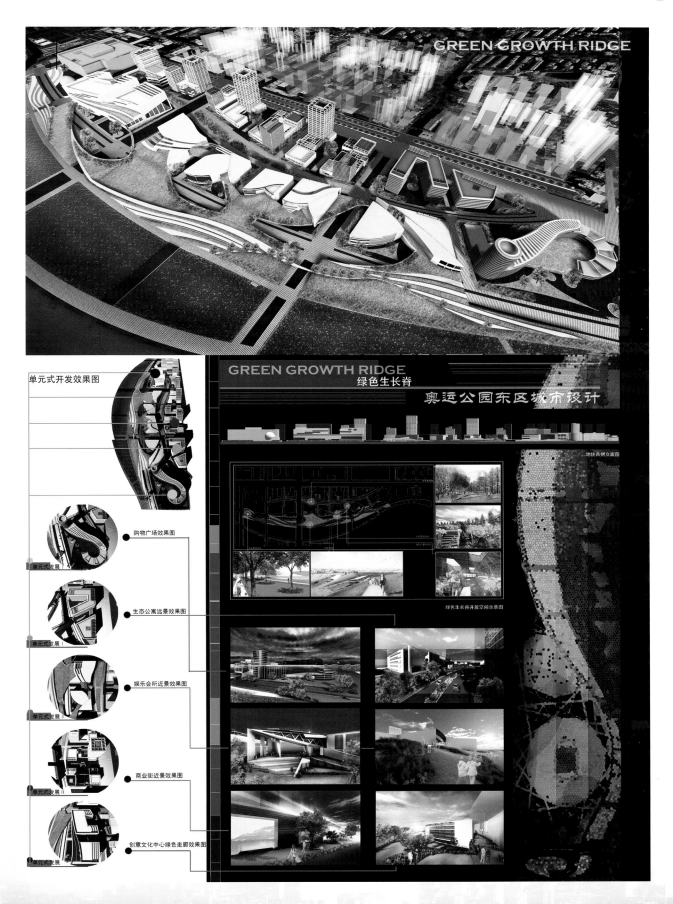

GREEN GROWTH RIDGE

GREEN GROWTH RIDGE
绿色生长脊

奥运公园东区城市设计

单元式开发效果图

购物广场效果图

生态公寓远景效果图

娱乐会所近景效果图

商业街近景效果图

创意文化中心绿色走廊效果图

绿色生长脊开放空间示意图

地块西侧立面图

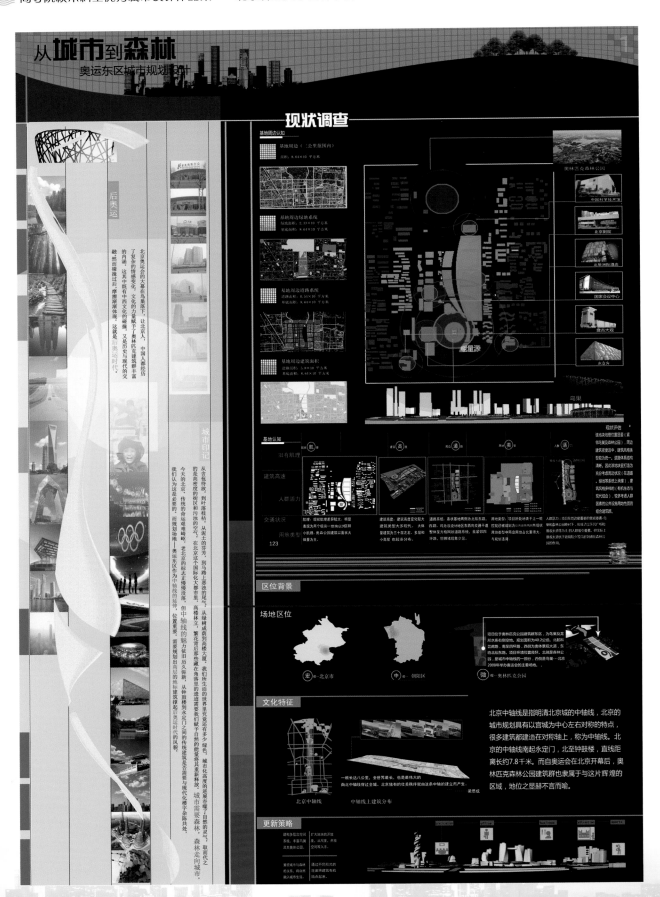

从城市到森林
奥运东区城市规划设计

现状调查

后奥运

北京奥运会的大幕在鸟巢落下，了复杂的情感变化，文化的力量赋予了奥林匹克建筑群丰富的内涵，这其中既有中西文化的碰撞，又是历史与现代的交融。然而碰撞过后，摩擦渐渐体现，这就是后奥运时代。

城市印记

从含蓄特质，到叶落枝枯，从泥上上恶浊的尾气，在北京这个国际化大都市里，高楼林立。繁花背后那些藏在角落里的遗憾需要我们赋予自然的进道需要我们赋予空间之间的遗憾需要从钟鼓楼到永定门的传统建筑历久弥新。但在落里的遗憾需要的魅力依旧历久弥新。今天的北京，传统的命运难褪凄，老北京的芬芳，到马路上悠悠自的空气，城市化前进的速度吞噬了自然的灵气，取而代之的是高密度的街区和污浊的空气，城市需要森林，森林走向城市。

我们认为这是必要的，而规划场地，奥运东区作为中轴线的延伸，位置重要，需要规划出高标的地标建筑撑起后奥运时代的风貌。

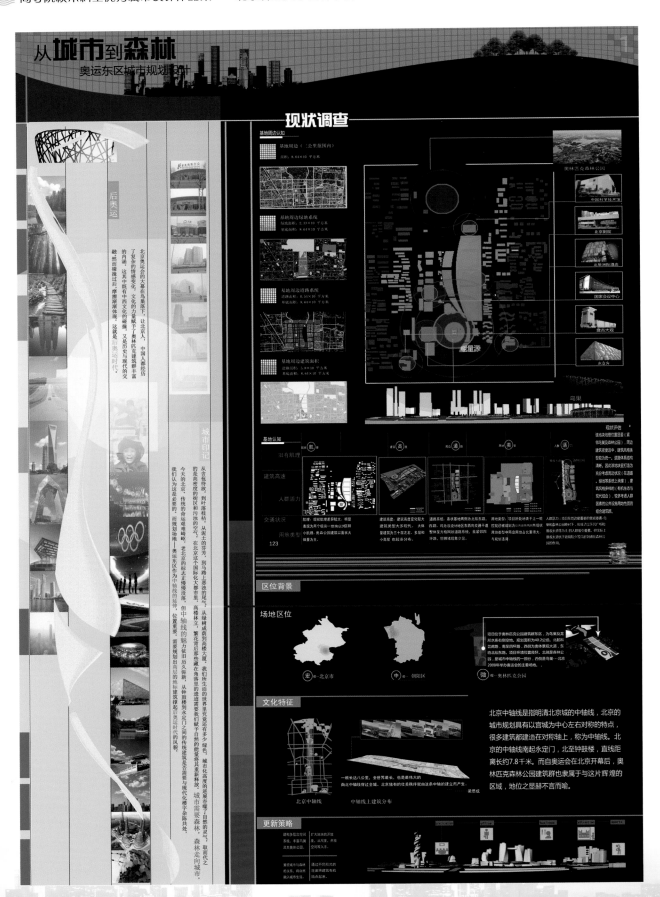

基地周边认知

基地周边（三公里范围内）
面积：8.64×10⁸ 平方米

基地周边绿地系统
道路总面积：2.33×10⁸ 平方米
基地总面积：8.65×10⁸ 平方米

基地周边道路系统
道路总面积：0.54×10⁸ 平方米
基地总面积：8.64×10⁸ 平方米

基地周边建筑面积
道路总面积：5.8×10⁸ 平方米
基地总面积：8.64×10⁸ 平方米

能量源

鸟巢

图林匹克森林公园
中国科学技术馆
北京剧院
北辰洲际酒店
国家会议中心
盘古大观
水立方

基地认知

123

旧有肌理 / 建筑高速 / 人群活力 / 交通状况 / 用地类型

现状评估

区位背景

场地区位

宏—北京市　中—朝阳区　微—奥林匹克公园

项目位于奥林匹克公园建筑群东部，为鸟巢及其形水系区域...

文化特征

北京中轴线

中轴线上建筑分布

一根长达八公里，全世界最长，也是最伟大的南北中轴线穿过全城，北京独有的壮美秩序就由这条中轴的建立而产生。

北京中轴线是指明清北京城的中轴线，北京的城市规划具有以宫城为中心左右对称的特点，很多建筑都建造在对称轴上，称为中轴线。北京的中轴线南起永定门，北至钟鼓楼，直线距离长约7.8千米。而自奥运会在北京开幕后，奥林匹克森林公园建筑群也隶属于与这片辉煌的区域，地位之显赫不言而喻。

更新策略

从**城市**到**森林**
奥运东区城市规划设计

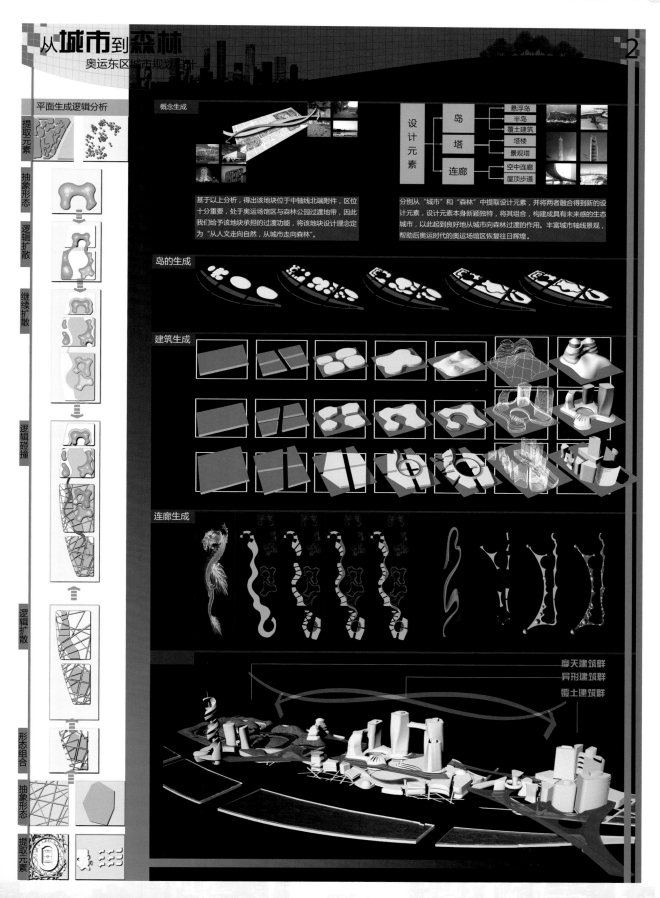

平面生成逻辑分析

提取元素
抽象形态
逻辑扩散
继续扩散
逻辑碰撞
逻辑扩散
形态组合
抽象形态
提取元素

概念生成

设计元素
岛 — 悬浮岛 / 半岛 / 覆土建筑
塔 — 塔楼 / 景观塔
连廊 — 空中连廊 / 屋顶步道

基于以上分析,得出该地块位于中轴线北端附件,区位十分重要,处于奥运场馆区与森林公园过渡地带,因此我们给予该地块承担的过渡功能,将该地块设计理念定为"从人文走向自然,从城市走向森林"。

分别从"城市"和"森林"中提取设计元素,并将两者融合得到新的设计元素,设计元素本身新颖独特,将其组合,构建成具有未来感的生态城市,以此起到良好地从城市向森林过渡的作用。丰富城市轴线景观,帮助后奥运时代的奥运场馆区恢复往日辉煌。

岛的生成

建筑生成

连廊生成

摩天建筑群
异形建筑群
覆土建筑群

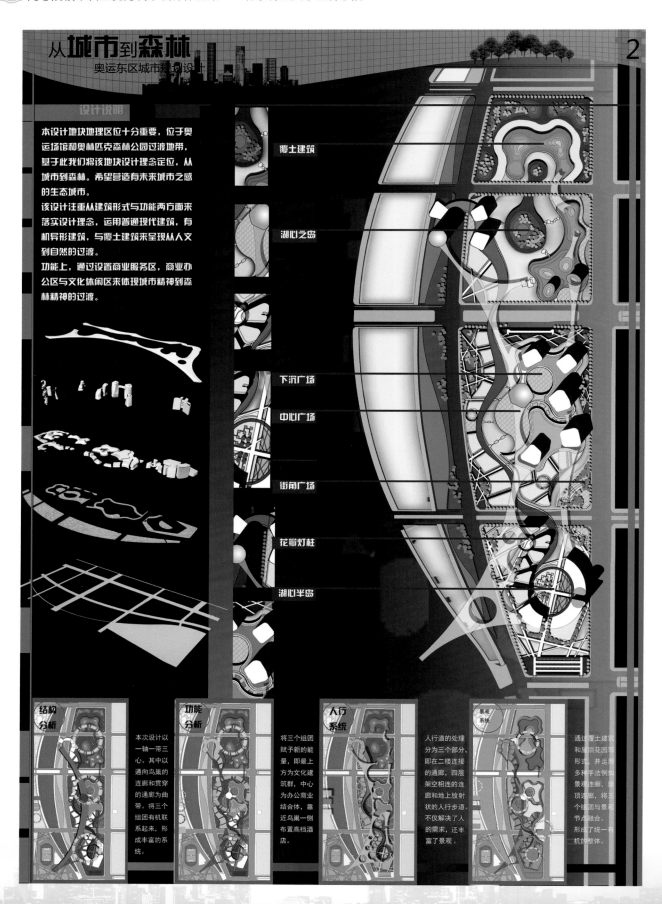

从城市到森林
奥运东区城市规划设计

设计说明

本设计地块地理区位十分重要，位于奥运场馆和奥林匹克森林公园过渡地带，基于此我们将该地块设计理念定位，从城市到森林。希望营造有未来城市之感的生态城市。

该设计注重从建筑形式与功能两方面来落实设计理念，运用普通现代建筑，有机异形建筑，与覆土建筑来呈现从人文到自然的过渡。

功能上，通过设置商业服务区，商业办公区与文化休闲区来体现城市精神到森林精神的过渡。

覆土建筑

湖心之岛

下沉广场

中心广场

街角广场

花瓣灯柱

湖心半岛

结构分析

本次设计以一轴一带三心。其中以通向鸟巢的连廊和贯穿的通廊为曲带。将三个组团有机联系起来，形成丰富的系统。

功能分析

将三个组团赋予新的能量，即最上方为文化建筑群，中心为办公商业结合体，靠近鸟巢一侧布置高档酒店。

人行系统

人行道的处理分为三个部分，即在二楼连接的通廊，四层架空相连的连廊和地上放射状的人行步道，不仅解决了人的需求，还丰富了景观。

景观系统

通过覆土建筑和屋顶花园等形式，并运用多种手法例如景观连廊，屋顶连廊，将三个组团与景观节点结合，形成了统一有机的整体。

从城市到森林

奥运东区城市规划设计

观景塔效果

方案立面效果

中心组团效果及总平面展示　　节点透视

组团概念效果图

任 务 书

💧 1 选题背景

北京六郎庄位于海淀区中部。东至芙蓉里小区，西接颐和园东墙，北至二龙闸和操场，南至巴沟村。其原名牛栏店，因附会杨六郎的故事而称其为庄名。

六郎庄在颐和园东门外，是有着600年历史的古地名。明朝时期，这里南有八条沟渠，西有十里西湖，地势平坦，水源充裕，是顶好的畜牧地，明代形成村落叫"牛栏庄"。《明万祖实灵》《京师五城坊苍胡同集》《宛署杂记》书中均有记载。清朝民间附会杨家将故事，改称今名。最早见于文字记载是康熙五十一年（1712年）内务府总管赫奕的奏折。"六郎庄真武庙配殿六年，各尚住房八里，用银一千四百三十五两二线，在六郎庄修造园户住房三十间，用银一千两"。

六郎庄村因在玉泉山脚下，南临万泉河，北依昆明湖，当年泉水、河水、湖水极为丰沛，自古就是以塞北江南著称，几百年来享誉京城的京西稻就产在这里，它晶莹剔透，粒粒如珠，入口劲道香甜，是明清两朝皇宫里帝王们的美食。因水质甘冽清澈，种植的莲藕和养殖的北京鸭也非常出名，成了北京名牌产品。

六郎庄因其特殊的地理位置，几百年来也享受到了特殊礼遇，乾隆皇帝的三山五园建成以后，清代历代皇帝夏日都要到此消夏避暑，军机处就建在了海淀镇的老虎洞内，军机大臣和王公贵族为攀龙附凤，也纷纷在海淀一带建造别墅住宅，六郎庄便成了首选之地，至今村内还留有清末都察院遗址及湖广总督张之洞和军机首辅荣禄的私宅遗迹。

六郎庄在我国保存最完整的皇家园林、世界文化遗产——颐和园东门外，对颐和园周边地区的风貌影响巨大。在目前日益重视历史文化遗迹保护的背景下，世界遗产周边地区的风貌控制也是规划设计需要考虑的重要内容。调查了解六郎庄的历史及在北京皇家园林体系——三山五园中的位置关系，及时总结问题并提出应对思路，是对历史风貌周边地区主流的改造方式方法的再思考。有益于引导学生深入思考历史地区的扩展思路，以展望的眼光来思考历史地段周边地区的更新工作。

💧 2 规划设计范围

场地位于北京市海淀区，北京市西北区域。

从更好地了解和解决历史地段系统性问题出发，课程制定了场地选择的大区域，学生根据调查中发现的不同问题，有针对性地从大区域范围内选择制定具体规划设计地段。

规划区域东至芙蓉里小区，西接颐和园东墙，北至二龙闸和操场，南至巴沟村（图1）。

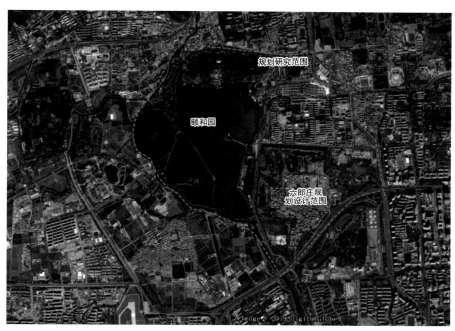

图 1 规划场地可选择区域

3 设计思路要求

深入了解和分析六郎庄地区在拆迁改造、遗迹保护、交通组织、景观设计等方面的现状问题,围绕"皇家园林、人文振兴"主题,提出规划策略和规划设计方案。

4 设计任务要求

（1）明确六郎庄地区的改造策略,打造颐和园周边良好景观。
（2）展现皇家园林颐和园周边的地区特色,体现历史遗产保护与城中村改造的协调融合。
（3）优化公共空间及公共环境,营造具有特色、充满活力的公共活动场所。

5 设计成果要求

成果内容应包括四部分：规划地段现状分析、规划策略阐释、规划方案表达和效果图展示。
图纸要求：A1 图纸 4 张。

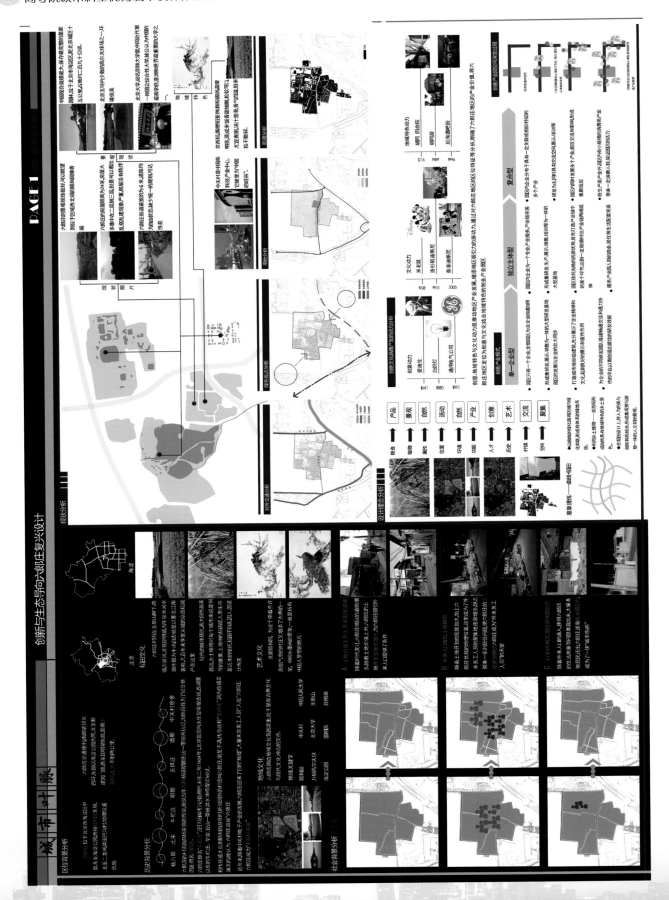

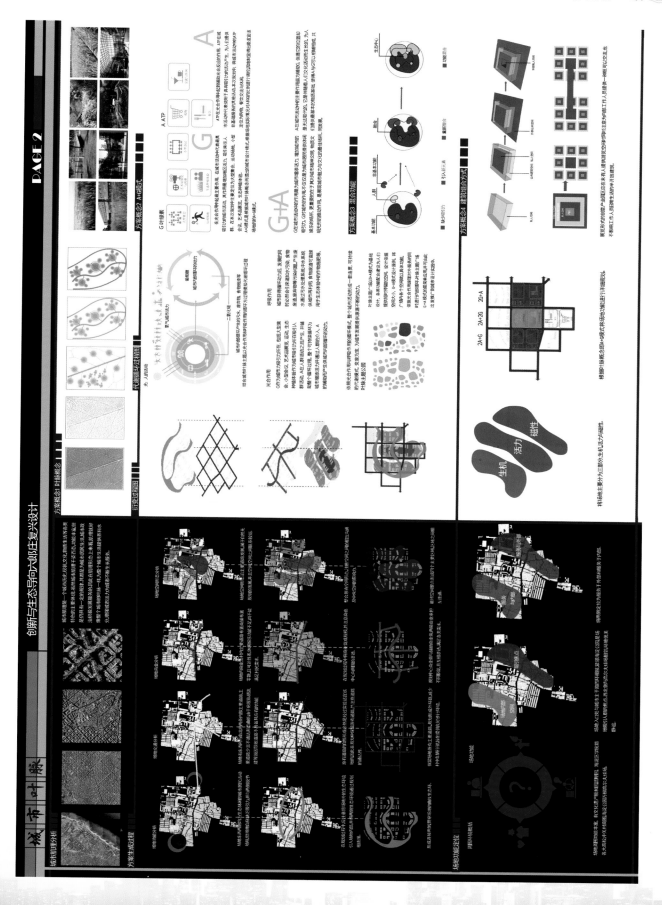

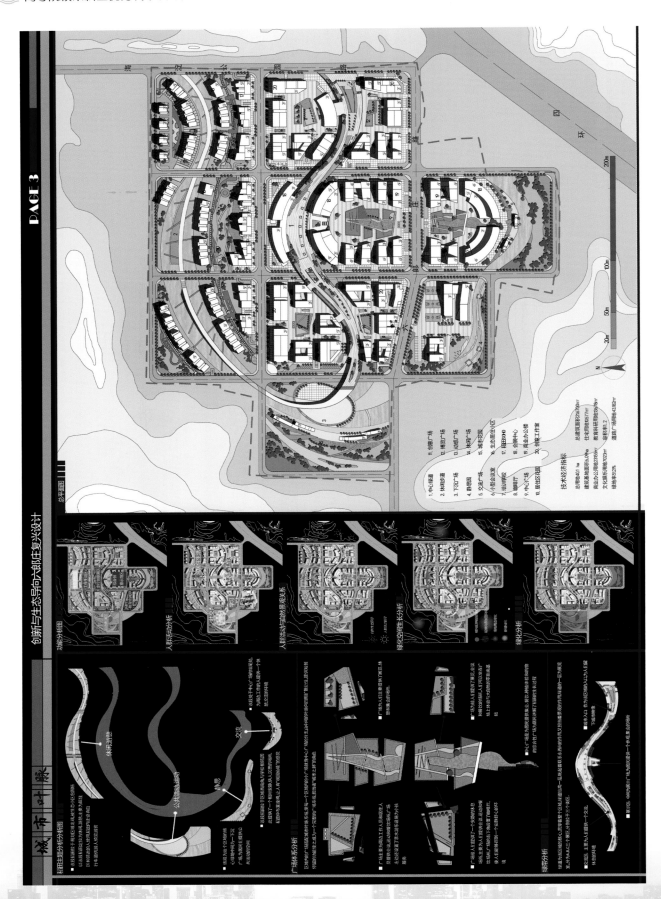

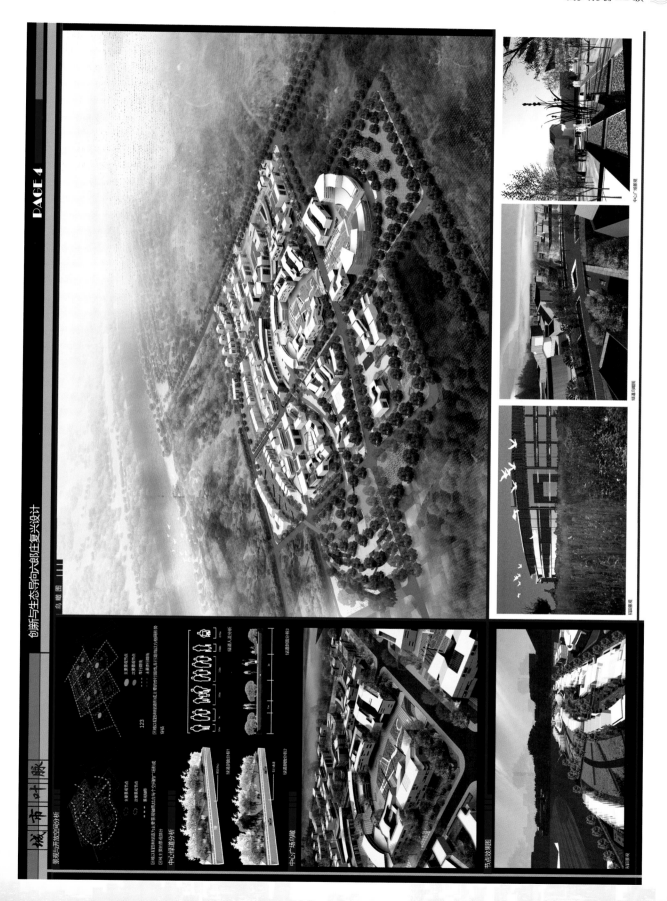

PAGE 4

创断与生态导向小郡庄复兴设计

鸟瞰图 [][]

城市时隙

景观与开放空间分析

中心绿道分析

中心广场鸟瞰

节点效果图

中心广场效果

绿道沿街景观

节点景观

城乡规划08级

道·影——首钢二通机械厂部分地区改造

侯　硕　邢晓娟（佳作奖）

通脉·兴街——北京香山买卖街旧区改造规划设计

杨　雯　董悠悠（佳作奖）

煤香街——北京香山煤厂街更新设计

翟　俊　田燕国（佳作奖）

任 务 书

💧 1　选题背景

北京市首钢重型机器分公司地段（原名北京第二通用机械厂，以下简称首钢二通厂），位于北京市石景山区八宝山南路，即丰台区与石景山区交界处的吴家村，东距市中心天安门约15千米，距西四环路约3千米，南距京石高速2.5千米，北距长安街沿线约2千米，与西五环相距3千米。距离首钢主厂区约3千米。

首钢是我国重要的钢铁生产企业，为中国钢铁工业的发展做出过巨大贡献，是北京重要的经济支柱。同时，首钢主厂区还是北京西部最大的工业区。由于环境污染、二氧化碳排放过多、企业运营耗水量惊人、距铁矿石港口过远等问题，北京市政府要求首钢于2007年年底压产400万吨，于2010年在北京市区全部停产，完成搬迁。2005年2月，国家发改委代表国务院正式批复，同意首钢实施搬迁、结构调整和环境治理。这件事，不仅对于首钢本身，而且对于中国经济发展，都是具有历史意义的重大事件。如何规划建设好这一区域，对北京市今后的发展将产生巨大影响。首钢具有悠久的历史，其发展历程是中国钢铁工业从无到有的缩影。经过近90年的建设，在首钢主厂区内留下了大量的建（构）筑物以及各种设施设备，目前使用状况良好，且不能随厂迁往新址，保护并利用好这一地区大量的工业遗存成为一个重要的课题。因此，在规划建设之前对首钢的工业遗产资源进行深入的调查研究，并提出保护与再利用的建议，具有非常重要的意义。

在当前产业升级、土地存量更新的背景下，工业历史地段的保护更新利用将是城市更新中重要的一环。调查了解首钢的更新改造历程，及时总结问题并提出应对思路，是对当前工业遗产保护更新主流方式方法的再思考，一方面有益于学生掌握工业历史地段最新的规划设计思路和方法，另一方面也有益于引导学生扩展思路，以展望的眼光来思考工业历史地段的保护和更新工作。

💧 2　规划设计范围

场地位于北京市石景山区八宝山南路。为了更好地解决系统性问题，课程要求学生调研整个首钢主厂区区域范围内的总体情况，地段规模7.07平方千米（图1）。

首钢二通厂位于北京市石景山区八宝山南路，即丰台区与石景山区交界处的吴家村，厂区规模84公顷，本次选择未在北京绿隔范围内的范围，规模29.4公顷（图2）。

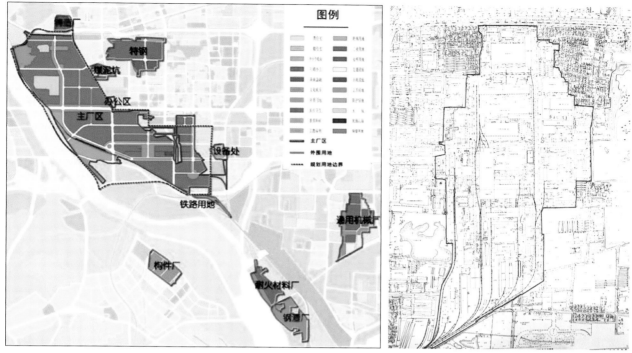

图 1　首钢主厂区范围　　　　　　　图 2　规划场地范围

3　设计思路要求

　　深入了解和分析首钢二通厂在工业遗产再利用、空间规划、交通组织等方面的现状情况，围绕"遗产、振兴、空间"主题，提出规划策略和规划设计方案。

4　设计任务要求

　　（1）优化现有功能和交通组织，提升园区影响力和活力。
　　（2）优化工业遗产保护和利用的方式方法，展现地区特色，促进现代生活与传统工业空间的协调融合。
　　（3）优化公共空间及公共环境，营造具有特色、充满活力的公共活动场所。

5　设计成果要求

　　成果内容应包括四部分：规划地段现状分析、规划策略阐释、规划方案表达和效果图展示。
　　图纸要求：A1 图纸 4 张。

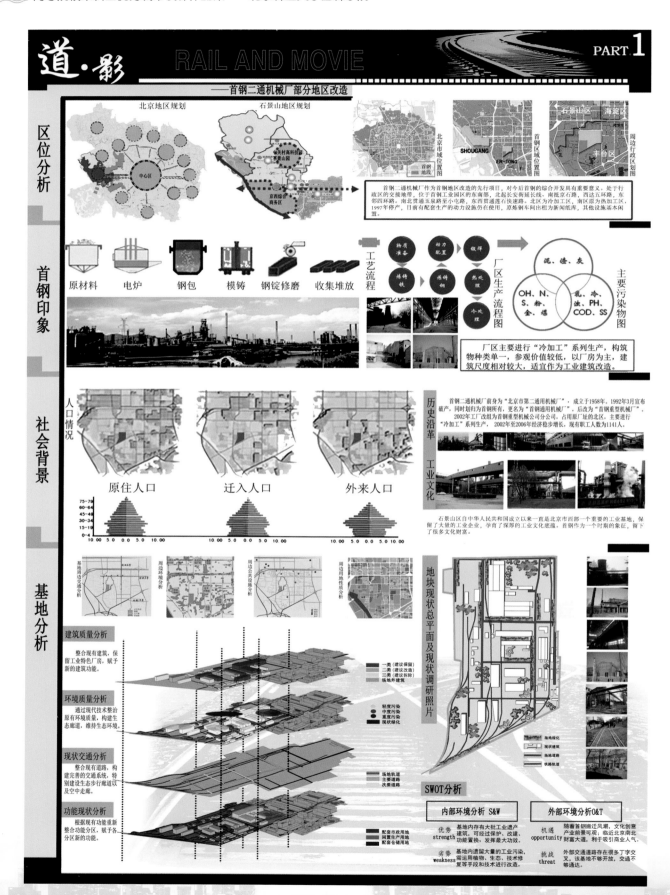

区位分析

首钢印象

社会背景

基地分析

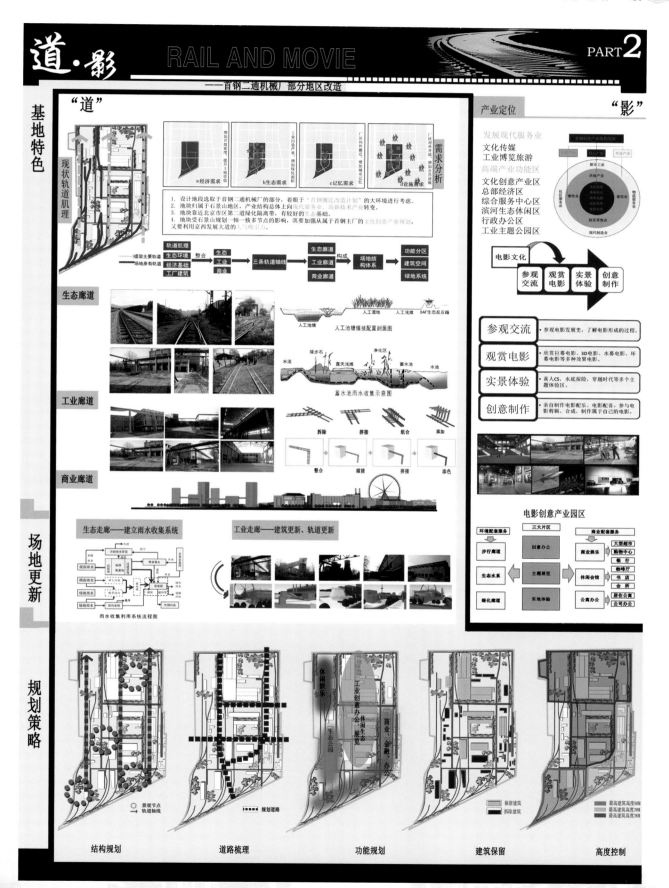

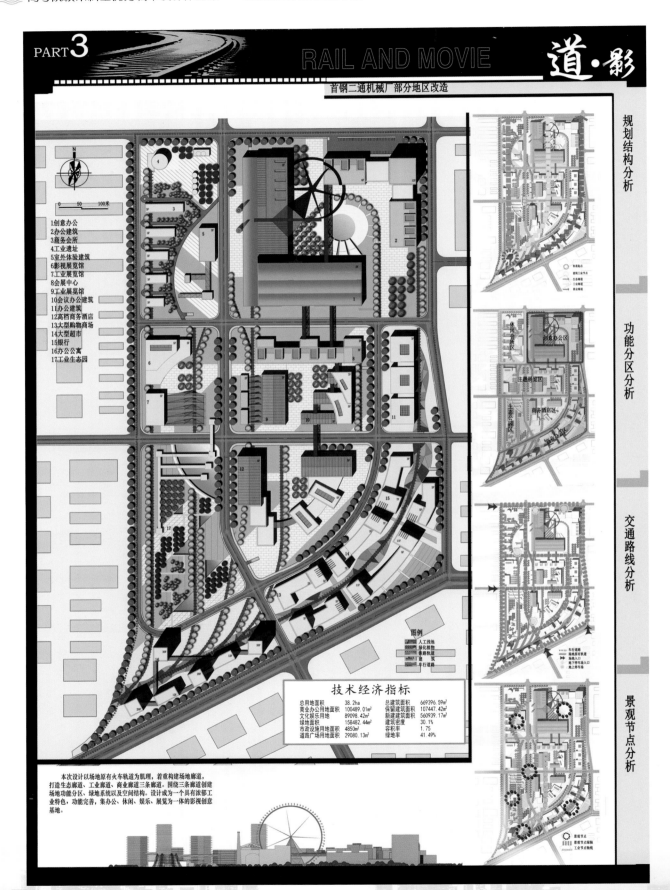

PART **3**

RAIL AND MOVIE

道·影

首钢二通机械厂部分地区改造

规划结构分析

功能分区分析

交通路线分析

景观节点分析

1.创意办公
2.办公建筑
3.商务会所
4.工业遗址
5.室外体验建筑
6.影视展览馆
7.工业展览馆
8.会展中心
9.工业展览馆
10.会议办公建筑
11.办公建筑
12.高档商务酒店
13.大型购物商场
14.大型超市
15.银行
16.办公公寓
17.工业生态园

图例

技术经济指标

总用地面积	38.2ha	总建筑面积	669396.59m²
商业办公用地面积	100489.01m²	保留建筑面积	107447.42m²
文化娱乐用地	89098.42m²	新建建筑面积	560939.17m²
绿地面积	158482.44m²	建筑密度	30.1%
市政设施用地面积	4850m²	容积率	1.75
道路广场用地面积	29080.13m²	绿地率	41.49%

本次设计以场地原有火车轨道为肌理，着重构建场地廊道，打造生态廊道、工业廊道、商业廊道三条廊道。围绕三条廊道创建场地功能分区、绿地系统以及空间结构。设计成为一个具有浓郁工业特色，功能完善，集办公、休闲、娱乐、展览为一体的影视创意基地。

PART **4**

RAIL AND MOVIE

道·影

首钢二通机械厂部分地区改造

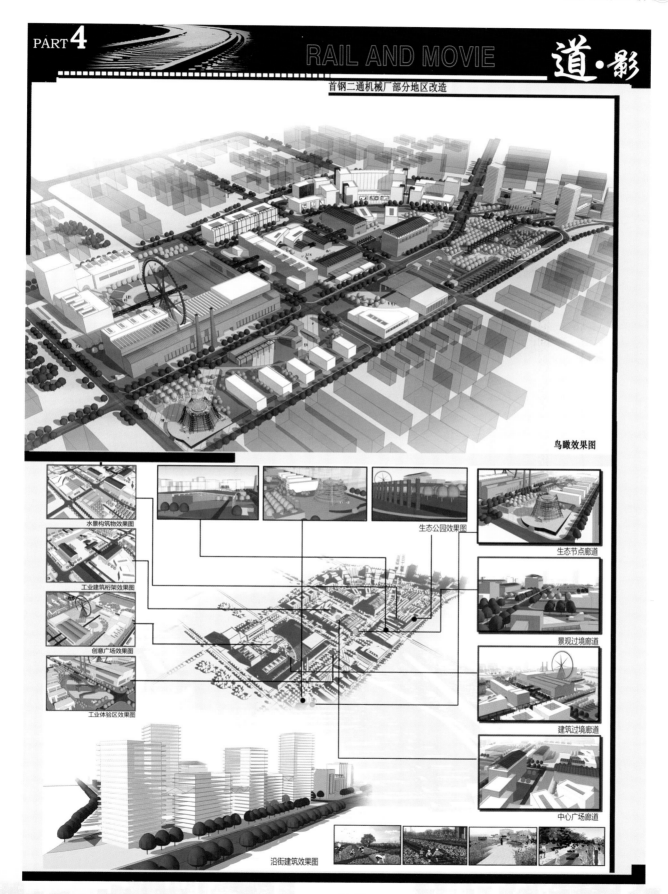

鸟瞰效果图

水景构筑物效果图

工业建筑桁架效果图

创意广场效果图

工业体验区效果图

生态公园效果图

生态节点廊道

景观过境廊道

建筑过境廊道

中心广场廊道

沿街建筑效果图

任 务 书

1 选题背景

北京香山买卖街位于海淀区西部，东北起自北正黄旗，西南至香山公园东门，亦是村名。村呈带状，围拢于买卖街两侧。

买卖街历史文化悠久。在西郊清代皇家园林中，很多园子都建有买卖街，像静宜园（今香山）买卖街在香山寺前，清漪园买卖街在北宫门内（今颐和园苏州街）等。但保存至今，最有活力的还是香山买卖街。

在目前日益重视历史文化遗迹保护的背景下，香山公园周边地区的风貌控制是本次城市设计需要考虑的重要内容。学生需要调查了解买卖街的历史沿革及在北京皇家园林体系——"三山五园"中的位置关系，及时总结买卖街现状及其周边地区发展遇到的问题并提出解决策略。对历史风貌周边地区主流的改造方式方法提出思考，有益于引导学生深入思考历史地区的扩展思路，以展望的眼光来思考历史地段周边地区的更新工作。

2 规划设计范围

场地位于北京市海淀区，北京市西北区域。

从更好地了解和解决历史地段系统性问题出发，课程制定了场地选择的大区域，学生根据调查中发现的不同问题，有针对性地从大区域范围内选择制定具体规划设计地段。

规划区域位于北京香山买卖街，东北起自北正黄旗，西南至香山公园东门（图1）。

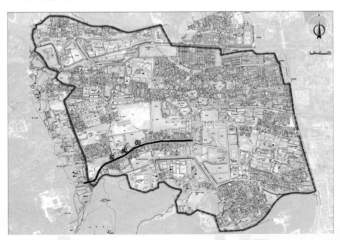

图1 规划场地可选择区域

💧3 设计思路要求

深入了解和分析香山买卖街地区在拆迁改造、遗迹保护、交通组织、景观设计等方面的现状问题，围绕"人文香山、历史买卖"的主题，提出规划策略和规划设计方案。

💧4 设计任务要求

（1）明确买卖街地区的改造策略，打造香山周边良好景观。
（2）展现皇家园林香山周边的地区特色，体现文化遗产保护与历史街区改造的协调融合。
（3）优化公共空间及公共环境，营造具有特色、充满活力的公共活动场所。

💧5 设计成果要求

成果内容应包括四部分：规划地段现状分析、规划策略阐释、规划方案表达和效果图展示。
图纸要求：A1 图纸 4 张。

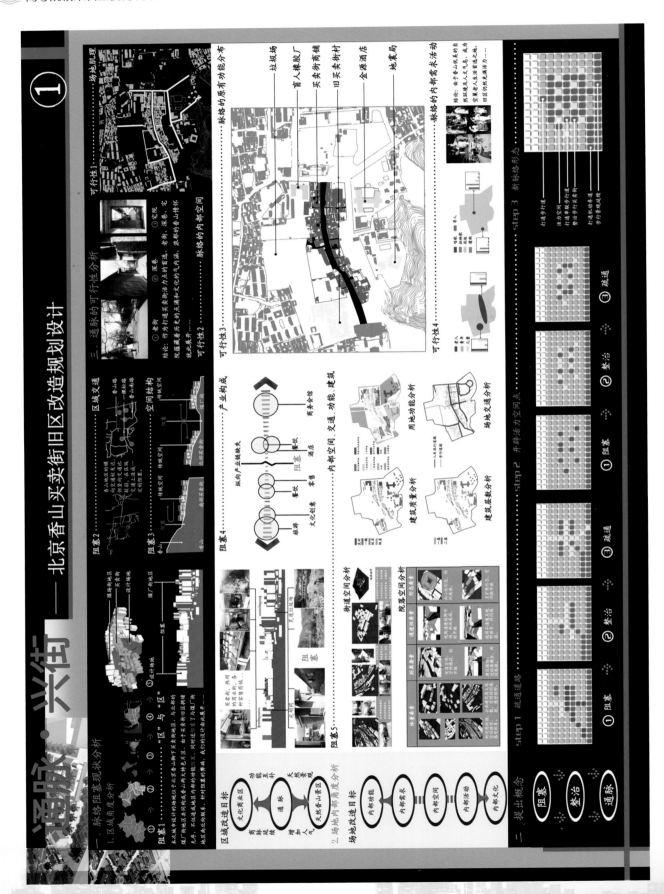

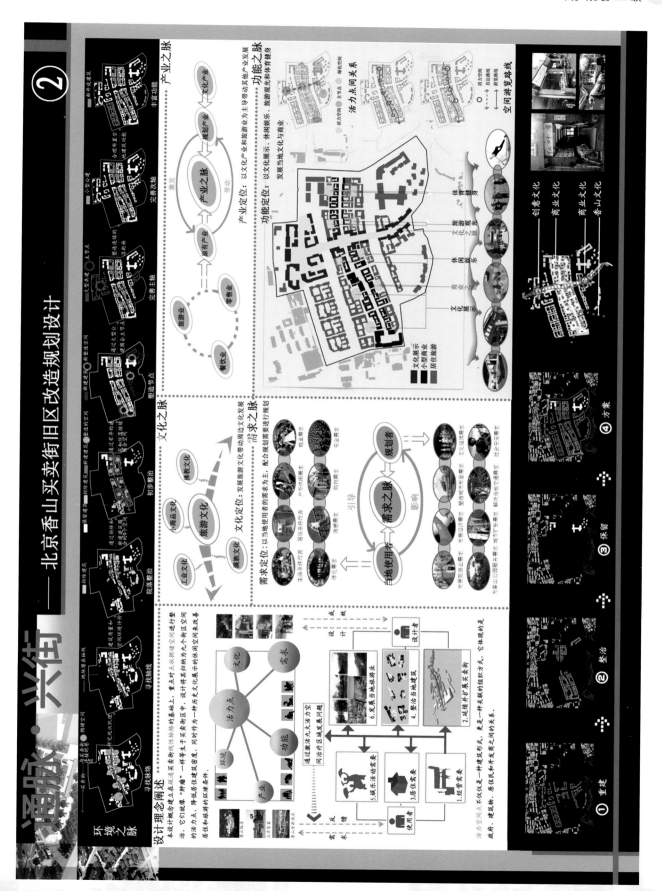

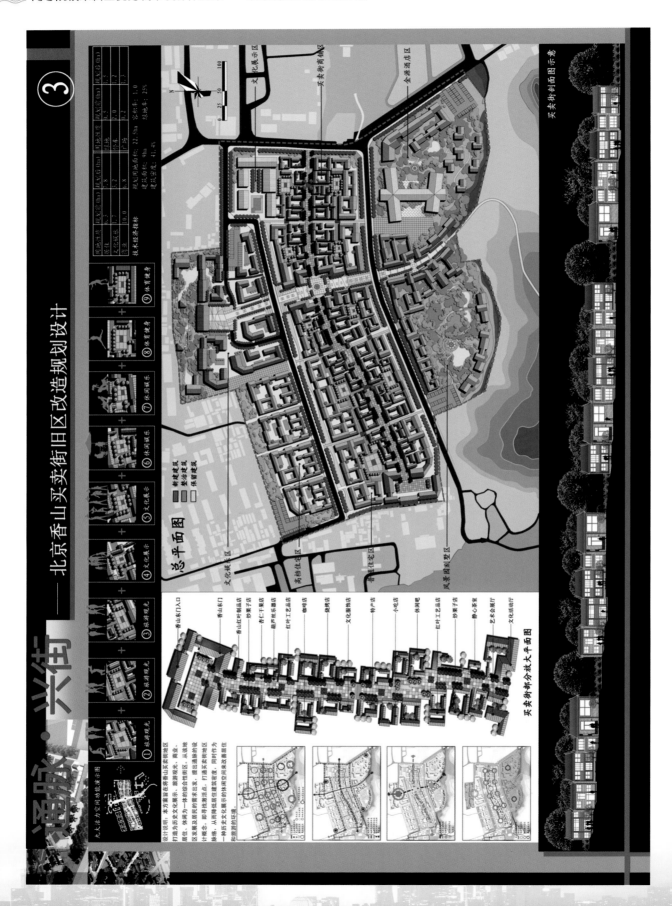

④

鸟瞰图

溜脉·兴街——北京香山买卖街旧区改造规划设计

买卖街透视图

北节点透视图

主轴建筑空间放大示意图

活力空间轴测结构示意图

文化展示功能

休闲娱乐功能

旅游观光功能

体育健身功能

空间①

空间②

空间③

空间④

空间⑤

空间⑥

空间⑦

空间⑧

空间⑨

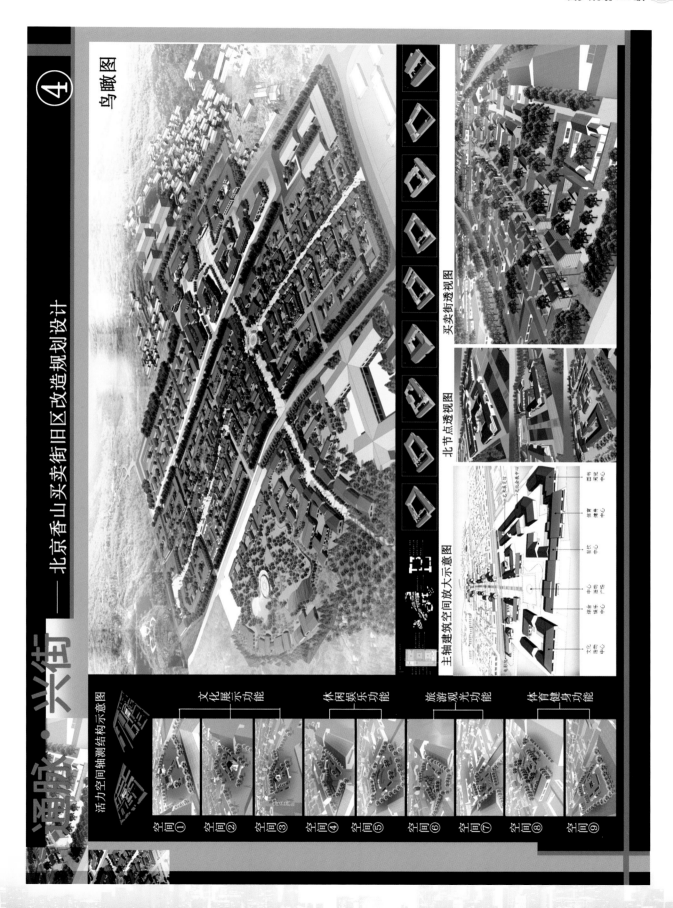

任 务 书

1 选题背景

北京香山煤厂街位于北京最具山林特色的皇家园林——香山公园东侧,东南起自东宫,西北至新营。明称煤厂村,亦为村名。

煤厂街从香山公园北门、碧云寺山门前通过。其东是香山与天宝山之间的山口,建有城关。城关上原有汉白玉塔,早已塌毁,称过街塔,俗称"挂甲塔"。传云,杨六郎与辽兵大战之后,于此挂甲休息。"挂甲"疑为"过街"之谐音,塔西是挂甲村,塔东是煤厂村。

过街塔以下是三米宽的石板路,向西通到门头沟,向东至东宫,原是运煤通道。门头沟的煤运到过街塔后,贮存销售,由是称煤厂村。"村"现作"街"。煤厂街是去碧云寺的必经之路,商业、旅游业、饮食业十分发达。

煤厂街历史文化悠久。在目前日益重视历史文化遗迹保护的背景下,香山公园周边地区的风貌控制是本次城市设计需要考虑的重要内容。学生需要调查了解煤厂街的历史沿革及在北京皇家园林体系——三山五园中的位置关系,及时总结煤厂街现状及其周边地区发展遇到的问题并提出解决策略。对历史风貌周边地区主流的改造方式方法提出思考,有益于引导学生深入思考历史地区的扩展思路,以展望的眼光来思考历史地段周边地区的更新工作。

2 规划设计范围

场地位于北京市海淀区,北京市西北区域。

从更好地了解和解决历史地段系统性问题出发,课程制定了场地选择的大区域,学生根据调查中发现的不同问题,有针对性地从大区域范围内选择制定具体规划设计地段。

规划区域位于北京香山煤厂街,东南起自东宫,西北至新营(图1)。

3 设计思路要求

深入了解和分析香山煤厂街地区在拆迁改造、遗迹保护、交通组织、景观设计等方面的现状问题,围绕"人文香山、历史煤厂"的主题,提出规划策略和规划设计方案。

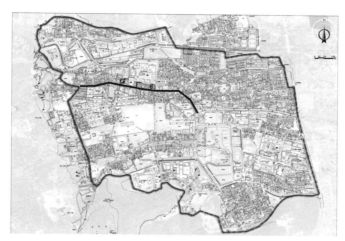

图 1　规划场地可选择区域

4　设计任务要求

（1）明确煤厂街地区的改造策略，打造香山周边良好景观。

（2）展现皇家园林香山周边的地区特色，体现文化遗产保护与历史街区改造的协调融合。

（3）优化公共空间及公共环境，营造具有特色、充满活力的公共活动场所。

5　设计成果要求

成果内容应包括四部分：规划地段现状分析、规划策略阐释、规划方案表达、效果图展示。

图纸要求：A1 图纸 4 张。

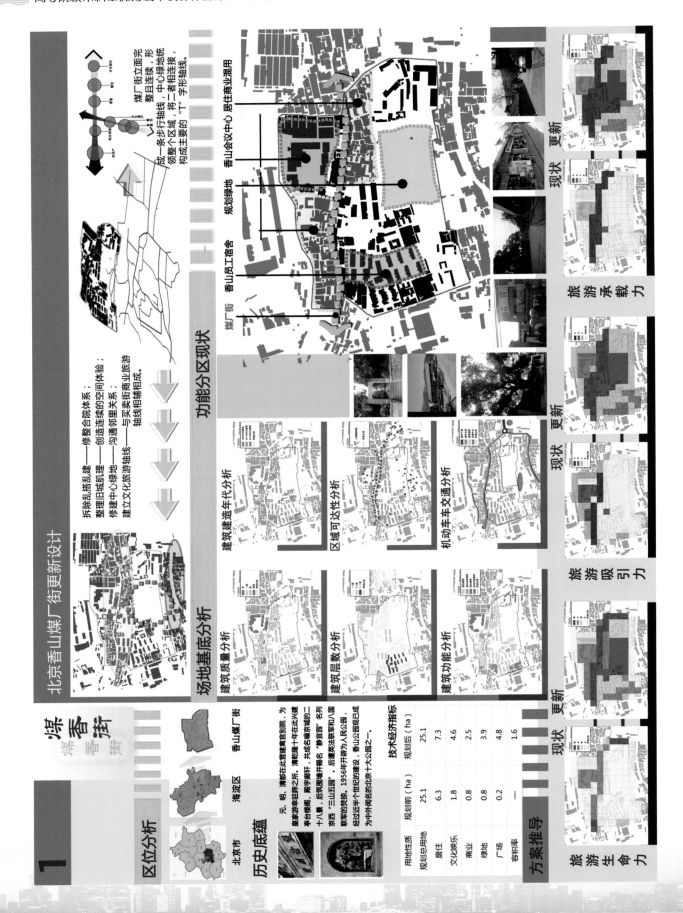

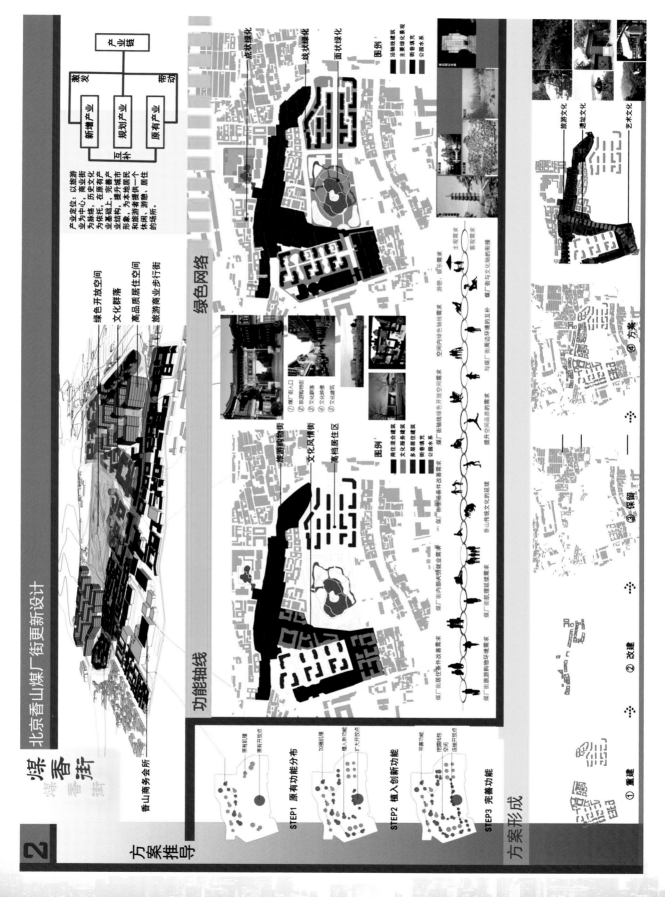

北京香山煤厂街更新设计

煤香厂街

方案推导

产业定位：以旅游业为中心，商业街为脉络，历史文化业基础，在原有产业结构上，完善城市形象，提升城市形象，为本地居民和旅游者提供一个休闲、游憩、居住的场所。

绿色开放空间
文化群落
高品质居住空间
旅游商业步行街
香山商务会所

功能轴线

绿色网络

STEP1 原有功能分布
STEP2 植入创新功能
STEP3 完善功能

方案形成

① 重建　② 改建　③ 保留　④ 方案

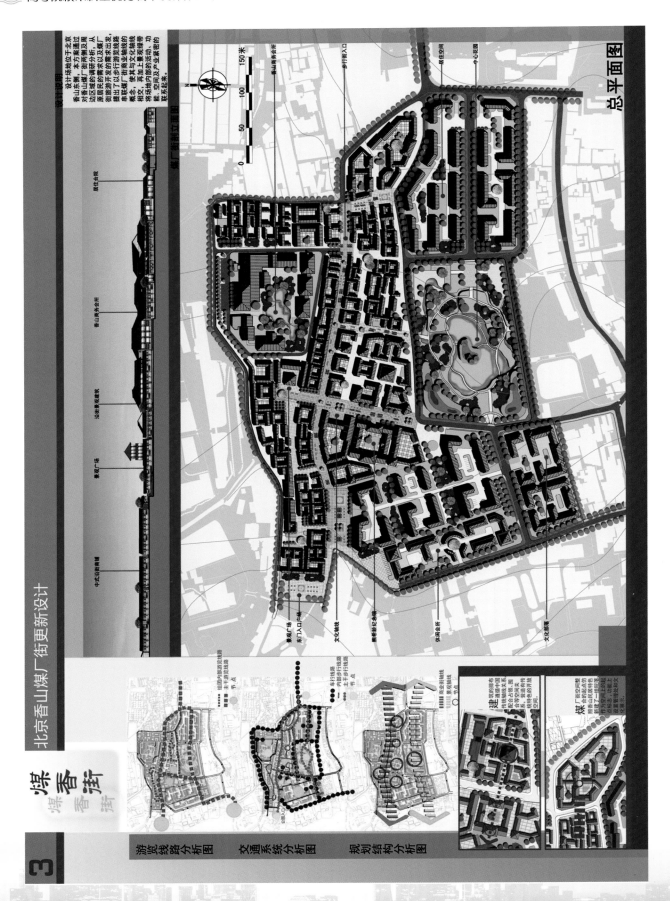

北京香山煤厂街更新设计

煤香
厂山
街

设计说明

设计场地位于北京香山东侧,本方案通过对香山煤厂街两侧及煤厂边区域的调研分析,从原居民的需求以及煤厂街旅游开发的需求出发,提出了以步行游览线路串联煤厂街商业轴线的概念,使其与文化轴线相交,再加上景观绿带将场地内部的活动、功能、空间及产业紧密的联系起来。

煤厂分析立面图

原住合院   香山顺务会所   冶炼景观建筑   景观广场   中式沿街商铺

总平面图

游览线路分析图
交通系统分析图
规划结构分析图

北京香山煤厂街更新设计

煤香街

空间推导　空间轴线关系　绿心延伸关系

香山地区包含大量的传统民居，以及香山会议中心、香山饭店、香山金源等高档次商务休闲场所，还有部分杂乱的企业建筑风格与传统地区格格不入。在设计中，除了将原有四合院整理之外，统一地块内所有的建筑均使用坡屋顶，保护城市肌理。

合院整理模式　统一建筑风格

城乡规划07级

历久弥新——岳阳楼-北城门地区城市设计
冯霁飞 郑 泥（佳作奖）

缝合——历史城区的"疗伤"之道
景 璨 朱斯斯（佳作奖）

解构·重塑——北京什刹海历史街区城市更新设计
罗娅婷 王 为（佳作奖）

任 务 书

💧 1 选题背景

　　洞庭湖沿岸是岳阳市最有特色的城市特色景观地段，历史古迹分布众多，交通可达性也较好。然而长期以来，除岳阳楼景区等少数区段保持与自然、古迹相协调的良好建设风貌外，多数区段被工业厂房、仓库和码头设施占用，其开放性、公共性和环境品质都处于较低水平。随着城市"退二进三"产业更新的进程和城市景观提升的要求不断推进，对洞庭湖沿岸地区进行分段提升规划设计已成为极有意义的现实要求。

　　本次课程设计选择"岳阳楼—北城门"这一典型区段，希望学生们通过"现场调查—问题剖析—策略生成—方案落地"的全过程训练，培养多视角综合分析的能力，熟悉城市风景和历史地段更新发展的相关研究和设计方法。

💧 2 规划设计范围

　　场地位于岳阳市中心城区西北，洞庭湖畔。

　　设计范围大致如下：北起轮渡码头，南至岳阳楼景区，西至洞庭湖畔，东至岳阳市一中等单位院墙，总面积约 60 公顷。学生可根据自己对地段现状的理解，适度调整设计范围。

💧 3 设计思路要求

　　深入了解和分析岳阳市洞庭湖沿岸地带，尤其是"岳阳楼—北城门"区段在遗产保护、空间利用、交通组织、景观设计等方面的现状问题，围绕"历久弥新"这一主题，提出规划策略和规划设计方案。

💧 4 设计任务要求

　　（1）优化现有功能和交通组织，提升滨水沿岸地区的影响力和活力。

（2）优化遗产保护和利用的方式方法，展现地区特色，促进现代生活与传统空间的协调融合。

（3）优化公共空间及公共环境，营造具有特色、充满活力的公共活动场所。

5　设计成果要求

成果内容应包括四部分：规划地段现状分析、规划策略阐释、规划方案表达和效果图展示。

图纸要求：A1 图纸 4 张。

历久弥新

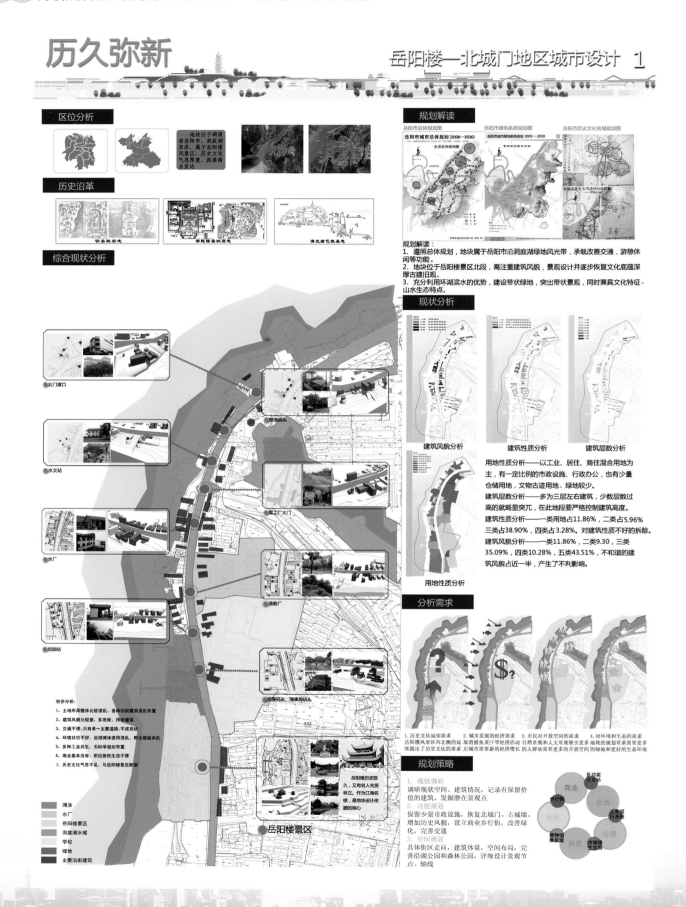

区位分析

地块位于湖南省岳阳市，洞庭湖东岸，属于岳阳楼风景区，历史文化气息厚重，旅游商业发达

历史沿革

明岳阳楼府志　　清乾隆岳州府志　　清光绪巴陵县志

综合现状分析

●北门渡口

●水文站

●水厂

●加油站

初步分析：
1. 土地布局整体比较凌乱，各种功能建筑混乱布置
2. 建筑风貌比较差，多危旧、待拆建筑
3. 交通不便，只有单一主要道路，不成系统
4. 环境状况不好，沿湖滩涂使用混乱，野生植被杂乱
5. 多种工业共生，无科学规划布置
6. 商业基本没有，附近展现生活不便
7. 历史文化气息不足，与岳阳楼景区断混

岳阳楼历史悠久，又有名人先贤林立，作为江南名楼，是地块设计依据的核心

滩涂
水厂
岳阳楼景区
洞庭湖水域
学校
绿地
主要沿街建筑

岳阳楼景区

规划解读

岳阳市城市总体规划(2008—2030)　　岳阳市绿地系统规划2009—2030　　岳阳市历史文化名城规划图

规划解读：
1. 遵照总体规划，地块属于岳阳市沿洞庭湖绿地风光带、承载改善交通、游憩休闲等功能。
2. 地块位于岳阳楼景区北段，需注重建筑风貌、景观设计并逐步恢复文化底蕴深厚古建旧观。
3. 充分利用环湖滨水的优势，建设带状绿地，突出带状景观，同时兼具文化特征、山水生态特点。

现状分析

建筑风貌分析　　建筑性质分析　　建筑层数分析

用地性质分析

用地性质分析——以工业、居住、商住混合用地为主，有一定比例的市政设施、行政办公，也有少量仓储用地，文物古迹用地、绿地较少。
建筑层数分析——多为三层左右建筑，少数层数过高的就略显突兀，在此地段要严格控制建筑高度。
建筑性质分析——一类用地占11.86%，二类占5.96%三类占38.90%，四类占3.28%。对建筑性质不好的拆除。
建筑风貌分析——一类11.86%，二类9.30，三类35.09%，四类10.28%，五类43.51%，不和谐的建筑风貌占近一半，产生了不利影响。

分析需求

1. 历史文化延续需求　2. 地块发展的经济需求　3. 市民对开放空间的需求　4. 对环境和生态的需求
岳阳楼风景区向北侧的延 取消捕鱼采沙等经济活动 自然景观和人文景观吸引更多 城市需要新的经济增长 后续提出了历史文化的需求 更多地区的规划需要更多 后城市需要新的经济增长 人群故宫需要更多的开放空间的绿地和更好的生态环境

规划策略

1. 现状调研
调研现状空间、建筑情况，记录有保留价值的建筑，发掘潜在景观点
2. 功能规划
保留少量市政设施，恢复北城门、古城墙，增加历史风貌，设立商业步行街，改善绿化，完善交通
3. 空间规划
具体街区走向，建筑体量，空间布局，完善沿湖公园和森林公园，详细设计景观节点、轴线

商业
步行街
休闲
博物馆展览馆
历史
多功能公交站
交通
古城墙行走系统
公园
古城墙生态园

历久弥新

岳阳楼—北城门地区城市设计 2

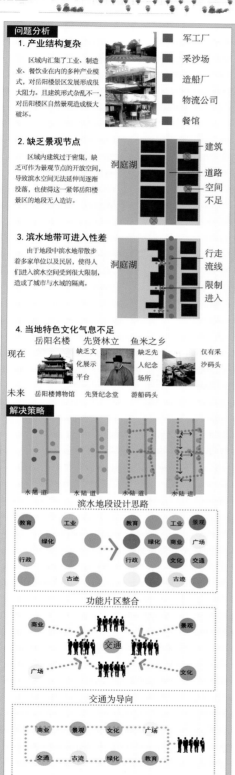

"历"久弥新——一方面岳阳楼地区具有浓厚的历史文化内涵，应充分挖掘其历史文化资源，另一方面洞庭湖景区环境宜人，应充分利用现代景观元素打造滨水生态空间。规划中坚持强调历史注重生态的原则，力图让旧与新和谐发展。

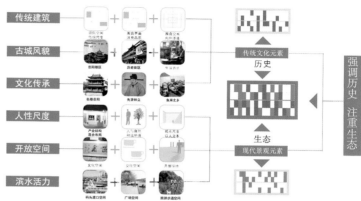

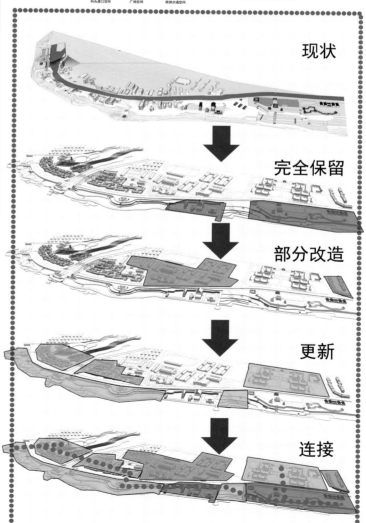

历久弥新

岳阳楼—北城门地区城市设计 ③

总平面图

渡口码头

白芷芳馨

鱼米之乡商业街

城市公园

景观塔
湖光秋月

护城河

公园管理处
北门广场

迎恩门（北门）
角楼

城隍庙商业街

公交总站

沙鸥翔集

水厂

云梦泽

商业街管理处

岳阳市一中

武警支队

海事局

海事局码头

鲁肃墓

岳阳楼管理处

岳阳楼

楼前广场

岳阳楼博物馆

沿街商业

1：500

N

景观示意

功能规划

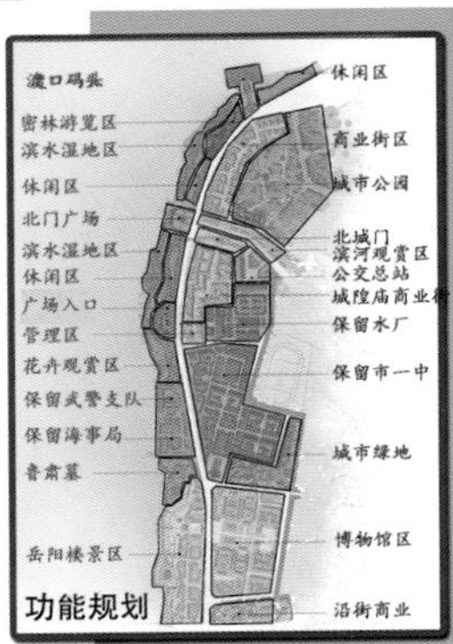

渡口码头
密林游览区
滨水湿地区
休闲区
北门广场
滨水湿地区
休闲区
广场入口
管理处
花卉观赏区
保留武警支队
保留海事局
鲁肃墓
岳阳楼景区

休闲区
商业街区
城市公园
北城门
滨河观赏区
公交总站
城隍庙商业街
保留水厂
保留市一中
城市绿地
博物馆区
沿街商业

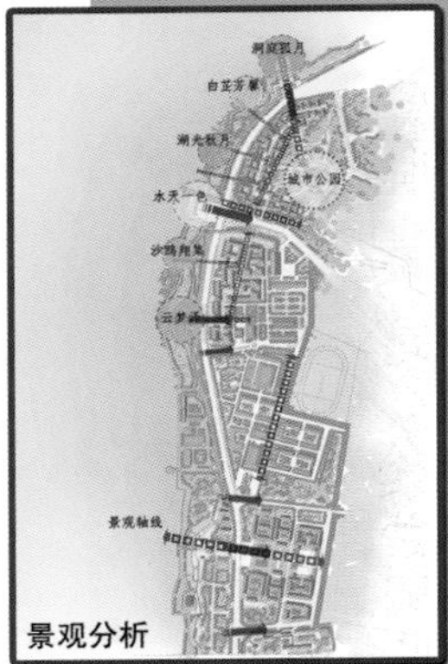

景观分析

竖向设计

滨水景观示意

历久弥新

鸟瞰图

效果图

鱼米之乡　观湖塔

城门角楼　公交总站

城隍庙　学校改造

城隍庙　岳阳楼楼前广场

立面图

鱼米之乡　　观湖楼　　　北门广场　　迎恩门　　公交总站　　城隍庙　　望庭阁

任　务　书

💧 1　选题背景

北京什刹海历史文化街区是北京历史文化名城中最有特色的景观地段，滨湖景观优美，历史古迹分布众多，交通可达性也较好。长期以来，什刹海周边部分传统街区保持了与自然、古迹相协调的良好建设风貌，但仍有相当规模的片区被大杂院、工业厂房、仓库等占用，传统肌理受到破坏，公共空间的开放性和环境品质都处于较低水平。随着什刹海周边历史街区居住疏解和产业更新的进程及城市景观提升的要求不断推进，对部分历史街区进行整体提升规划设计已成为极有意义的现实要求。

本次课程设计期望学生在充分调研的基础上，选择什刹海周边历史街区中的典型片区，通过"现场调查—问题剖析—策略生成—方案落地"的全过程训练，培养多视角综合分析的能力，熟悉城市风景和历史地段更新发展的相关研究和设计方法。

💧 2　规划设计范围

场地位于北京市什刹海历史文化街区。在对什刹海历史街区整体进行较充分调研的基础上，具体设计范围由学生自行选题，建议面积为 50 公顷左右。

💧 3　设计思路要求

深入了解和分析什刹海历史文化街区，尤其是后海、西海周边滨水区段在遗产保护、空间利用、交通组织、景观设计等方面的现状问题，围绕"滨水历史地段再生"这一主题，提出规划策略和规划设计方案。

💧 4　设计任务要求

（1）优化现有功能和交通组织，提升滨水沿岸地区的影响力和活力。

（2）优化遗产保护和利用的方式方法，展现地区特色，促进现代生活与传统空间的协调融合。

（3）优化公共空间及公共环境，营造具有特色、充满活力的公共活动场所。

5 设计成果要求

成果内容应包括四部分：规划地段现状分析、规划策略阐释、规划方案表达和效果图展示。

图纸要求：A1 图纸 4 张。

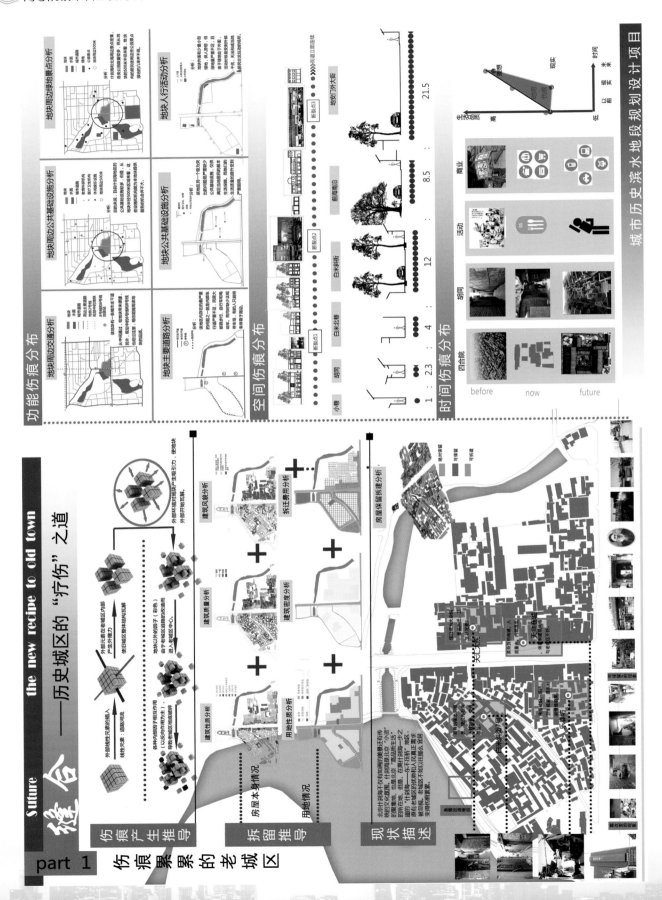

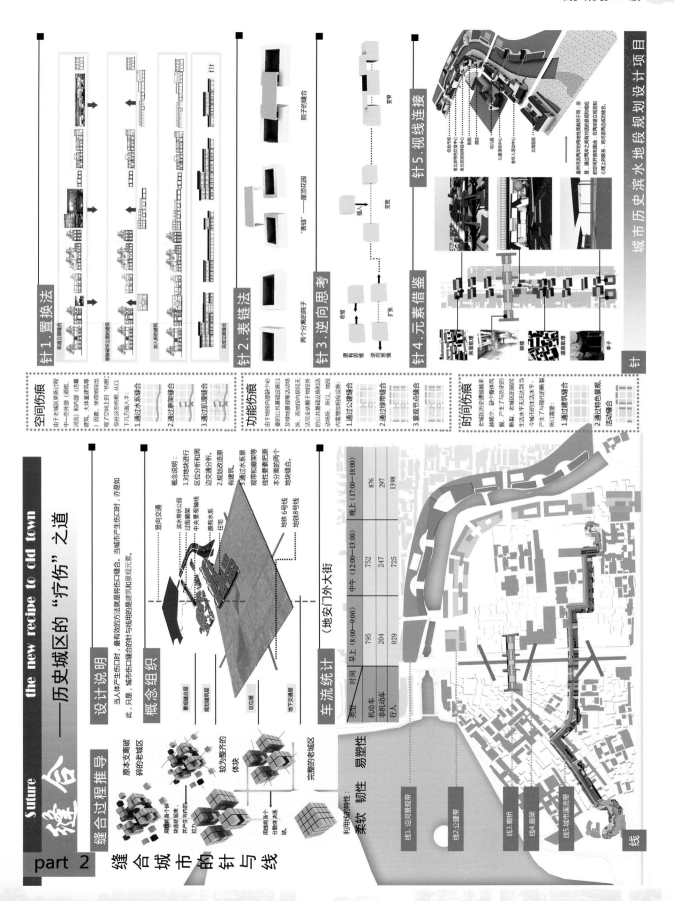

针 1. 置换法

街道立面缝合
移除破坏立面的建筑
加入新的建筑
完善立面缝合

针 2. 表链法

两个分离的院子
"表链"——屋顶花园
院子的缝合

针 3. 逆向思考

原背靠墙
逆向靠墙
变窄
变宽
插入

针 4. 元素借鉴

房屋肌理
阶梯
道路肌理
亭子

针 5. 视线连接

空间伤痕

由于老城区更新过程中一些外部（道路、河流）和内部（庭廊建筑，大体是逆建筑等）因素，伸间地块出现了空间上的"伤痕"，针对此种活痕我们提出了如下几种方法：

1. 通过水系缝合
2. 通过廊架缝合
3. 通过即建缝合

功能伤痕

由于土地块内部缺少必要的公共活动场所以及没有商业等功能场所，所以，地块内需增加供居民活动等功能以及：

1. 通过公建缝合
2. 通过绿带缝合
3. 景观节点缝合

时间伤痕

老城区历史街巷减弱，历史气氛淡薄，缺少整体风貌，产生了历史中的断裂，老城区的居民生活水平无法达到当今城市的生活水平，产生了与现代的断裂，所以需要：

1. 通过建筑缝合
2. 通过特色景观活动缝合

针

城市历史滨水地段规划设计项目

虽然河流两岸的用地性质虽然不同，但通过两岸之间相对对称的图面布置如酒楼、商店、幼儿园、儿童活动中心、北海院等，老北京院落的里弄空间对老院民众的空间需求加以整理，形成新建立在滨水的小型上的绿水、形式建筑的相互缝合。

办公商场地——办公楼
老北京院落的里弄空间中心——商店
酒楼
幼儿园
儿童活动中心——北海院

Suture the new recipe to old town
缝合——历史城区的"疗伤"之道

part 2　缝合城市的针与线

设计说明

当人体产生伤口时，最有效的方法就是将伤口缝合。当城市产生伤口时，亦是如此，只是，城市的伤口缝合的针与线用的是建筑和景观元素。

概念组织

原本支离破碎的老城区
较为整齐的体块
完整的老城区

用线将各个块连接起来，并产生向心力。
用线将各个分散体联系。

缝合过程推导

概念说明：
1. 对地块进行区位分析和周边交通分析。
2. 规划改造原有建筑。
3. 通过水系景观带和廊架等线性地性要素把原本分散的两个地块缝合。

竖向交通
滨水带状公园
过街廊架
中央观景轴线
原有水系
住宅

地铁 6 号线
地铁 8 号线

区位层
规划建筑层
景观缝合层
地下交通层

利用线的特性：
柔软　韧性　易塑性

线 3. 廊桥
线 4. 廊架
线 5. 城市滨河溪带
线 1. 沿河景观带
线 2. 城市公建带

车流统计
(地安门外大街)

类型	早上 (8:00~9:00)	中午 (12:00~13:00)	晚上 (17:00~18:00)
机动车	795	752	876
非机动车	204	247	297
行人	829	725	1398

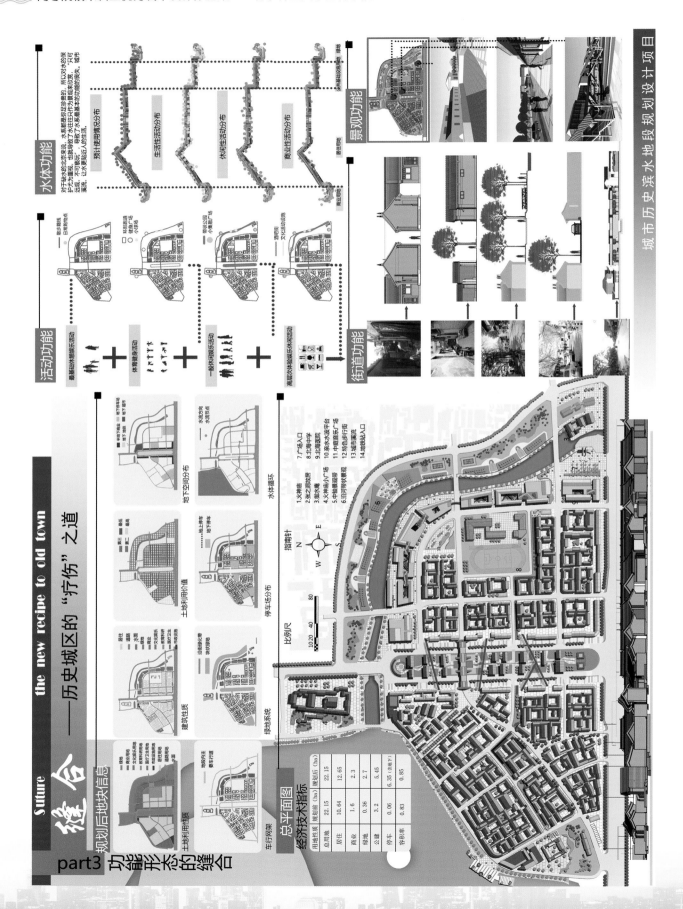

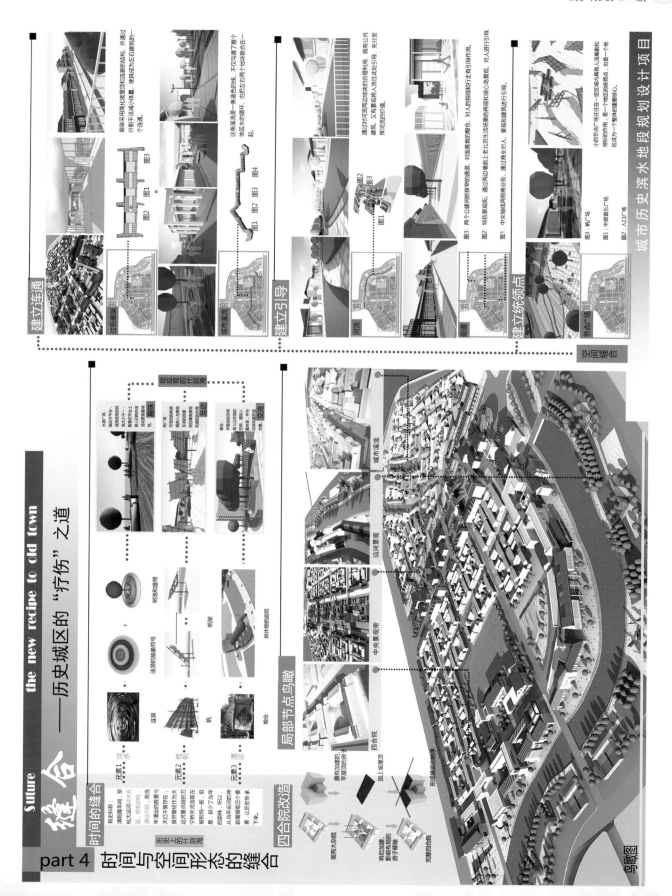

城市历史滨水地段规划设计项目

建立连通

建立引导

建立统领点

空间缝合

图2 图1 图3

图1 图2 图3 图4
城市交流

图1 图2 图3
河流

街道

图3：两个公建间的狭窄的通道口
图2：沿河某地块两侧商业街
图1：中央地块两侧商业街

节点"广场"
图3：帆广场
图1：中隔音乐广场
图2：入口广场

Suture the new recipe to old town

缝合 ——历史城区的 "疗伤" 之道

part 4 时间与空间形态的缝合

时间的缝合

元素1 河 水
元素2 帆
元素3 漕 运

历史上的十里洋场

水底广场

现有的十里洋场

趣味

互动

交流

水床

活泼的抽象符号

树池的座椅

帆架

帆

供休憩的四合院

休憩

城市溪流

沿河景观

中央景观带

四合院

局部节点鸟瞰

四合院改造

现有大杂院

将后加建、影响布局的房子移除

完整四合院

原有加建的、平屋顶的房子

加上坡屋顶

形成规整院的院落

鸟瞰图

1

解构·重塑——北京什刹海历史街区城市更新设计

北京

Great Capital

The Protection Restoration and Renovation of the Historical Site in Beijing

区位背景分析

水是生命的起源，也是城市兴起发展的物质基础。城市滨水空间以其独特的地理位置和生态作用成为城市构成中不可缺少的元素。中国在过去的十几年发展更新过程中，城市滨水空间长期被湮没在对规模和速度的盲目追求中，无法在城市生活中发挥其应有的积极作用。

同时，城市旧城区颠覆式的更新策略，导致城市肌理、生活新割，影响了城市历史传承和持续的长期发展。

如何将现代城市的发展与城市滨水空间、城市历史相融合，成为我们追切关注的话题。

什刹海前海地块位于北京市老城区，是一块记载着京杭大运河发展的历史街区。地块北侧为鼓楼西大街，南侧为地安门西大街，该地块和皇城一起被划作为世界遗产——故宫的缓冲地带，是体现北京古都风貌的核心地区。

历史沿革

辽代漕运

公元983年，将从通州到旧城的一条河加宽、加深，然后和城壕接通，货船可以从通州直达南京城。

金代漕运

山东、河北等地漕运粮都可溯白河而上，经武清、香河、漂阴到达通州。但通州至中都五十里，粮运集中河道浅涩难行。

元代漕运

郭守敬设计并主持修通惠河，通惠河引昌平白浮泉等泉水自和义门西水关入积水潭，再东南流入北运河。"舳舻蔽水"即用来形容积水潭元代时的盛景，漕运文化的发展，为什刹海经济发展起到了推动作用。

明代漕运

北城墙南迁使积水潭面积缩减，通惠河东段圈入皇城，漕船不得驶入，积水潭失去港口的功能。但其独特地理位置及优质水资源环境，吸引众多官宦权贵环湖修园，宗教建寺造庙，什刹海成为京城著名民俗风情荟萃之地。

基地现状调研

居民活动　银锭观山　烟袋斜街　广福观　鼓楼

社区中心　　　　　　　　　　　　鑫园浴场

居住环境　　　　　　　　　　　　地安门商场

胡同现状　　　　　　　　　　　　休闲活动

会贤堂　　　　　　　　　　　　　火神庙

酒吧街　荷花市场　入口广场　湖心岛　游憩空间

调研小结

经过对地块的初步调查，发现地块内保留有大量传统民居和遗留历史建筑，但建筑质量层次不一，地块内还有部分不经修整的绿化。针对地块的历史、文化、商业价值，与地块内的水与城市生活的关系，我们进行了一系列调查。

道路系统分析图　环湖景观主线功能分区图

通过对地块的现状的初步调研，发现地块内：

1．火神庙作为文物古迹，周围缺乏有效保护，周边地区建筑风格与火神庙格格不入，周围环境较差。

2．人流量大，交通不顺畅，降低了空间整体质量和人们的活动质量。

3．地块内滨水空间利用不足，与周围环境资源的联系是消极被动的，各种资源孤立地游离于什刹海之外，相互之间没有互动，缺乏联系。

4．停车场地匮乏，大量机动车停靠在城市道路上，进一步阻碍交通。

5．基地内大量建筑物质量低下，建筑立面琐碎，乱搭乱接问题严重，四合院传统形态被破坏，缺少阳光和绿化、人居环境较差。

6．地块内商业结构混乱，商品种类较少，购物、餐饮、休憩之间的功能联系薄弱，缺少休憩场所。

建筑分析图

■ 建筑功能分析　■ 建筑高度分析

■ 建筑类型分析　■ 建筑质量分析

设施分析

商业分析

商业分布与规模分析

商品种类较少且业态不够丰富，多以旅游纪念品为主，不能满足人们的需求。居住区内缺少商店，不能满足居民基本生活需求。

游览、购物、餐饮、娱乐休闲等功能之间的联系很薄弱，且缺少娱乐休憩场所，沿湖酒吧档次差别较大，层次混杂。

餐饮小吃
服饰精包
百货零售
电子科技
公司机构
教育机构
大型商城
娱乐休闲
金融邮电
其他

开放空间分析

游客缺少休憩空间绿化

居民缺少户外活动空间

开放空间绿化面积不够

绿化空间不成系统

SWOT分析

优势：strength

1．历史优势：大量历史建筑遗留，区域内道路系统和建筑形式基本保持原貌，代表了北京传统居住风貌，区域内水系为通惠河漕运典故，具有一定历史价值。

2．物质条件优势：濒临北海公园北入口，附近有恭王府、宋庆龄故居等优秀历史名居和府第，对游客存潜在吸引力。

3．景观优势：水体面积较大，景观资源丰富。

4．酒吧文化优势：酒吧规模发展迅速，是除三里屯外的北京第二个酒吧聚集区。

劣势：weakness

1．建筑：建筑形式受到一定程度的破坏，建筑质量水平不一，新旧建筑对比冲突，对历史街区风貌产生严重破坏，人口密度过高，居住质量下降。

2．环境：滨水开放空间较少，居住区缺少交往活动空间且与水域联系不上。

3．基础设施：公共设施老化，缺乏现代设施，交通不便。

4．交通不便：缺少公共停车场，部分路面被停车位占据。

5．商业结构杂乱，商业缺乏规划，与周围地块对比经济结构不突出。

机遇：opportunity

1．南锣鼓巷、钟鼓楼的整修，使该区域的历史风貌更加丰富、增加了历史价值。

2．作为北京西城的重点历史整顿规划项目，引起各界人士高度重视。

3．什刹海功能和亲水空间的重组，为游憩功能的完善提供可能。

4．新商业结构的引进，带动历史街区商圈的活力。

挑战：threat

1．原有四合院的保留与发展。

2．当地居民生活气息、街道活力的延续与交往空间的规划。

3．水体与城市生活关系的合理规划。

4．商业结构的合理设置，创新与传统商业的有机结合与共同促进。

2

北京

Great Capital

The Protection Restotation and Renovation of the Historical Site in Beijing

海子文化

解构·重塑——北京什刹海历史街区城市更新设计

地块特色

胡同合院
胡同、四合院是什刹海的符号，更是北京的符号。这些是历史的重要片段，体现着时代记忆。这些时光冲洗过的肌理展现着别致典雅的风韵。

沿海酒吧
胡同里古色雅致，胡同外霓虹闪烁。这是什刹海独有的性格。中国和西方的撞击点在这里随处可见。东西方的融合碰撞使得什刹海更具特色。

海子文化
今时今日它已不叫海子，但它仍然是它，此处本无水，从古至今几番改建，人对自然环境的改造、征服、和谐相处尽在其中，体现着四合院与水体相融的特质。

建筑更新

保护建筑

改造过程中，对于重要的历史文化古迹给予保护。重点保护火神庙、广福观、会贤堂、鑫园浴池等，并对张之洞故居加以维护，以保护火神庙和广福观为主，并结合火神庙前体量广场加以保护。

火神庙　广福观

保留建筑

基地内金丝套胡同及白米斜街一部分建筑理较好，部分住宅四合院予以保留。只在立面及屋顶上稍作改动。此外，烟袋斜街两侧建筑以及与荷花市场街酒吧风貌尚可，予以保留。老字号烤肉季等予以保留。

烟袋斜街　烤肉季

更新改造

降低密度——整合空间——统一屋顶
　拆除——改建——加建

减法：地块内现状四合院众多，私建房屋现象严重，导致邻间及居住拥挤脏乱。对于这一部分，应保留四合院原始构成部分，拆除私建部分。

加法：部分胡同私自改建，围合性变差，适当加建以保持四合院与胡同完整，且可适当控制相邻胡同视线穿越性，增强层次感。

功能置换：四合院所处位置不同，适宜功能也不同，围合——居住，半围合——商业或其他，开敞——公共空间。利用围合与不围合创造适宜空间。

拆除新建

减小体量——限制高度——形成体系
　打散——重组——控高

地块内存在私搭乱建严重区域，造成环境日益恶化，因此采用更替方式，拆除部分旧院改为居住区内开放空间，优化环境。

地块内存在一部分现代或仿古商业建筑，有的体量过于庞大，不能与周围环境融合，且破坏天际线效果，遮挡视线，因此将其打散为小块。

建筑层数控制在三层以下。建筑尽量横向拉长而非竖向拉高。

针对商业功能的整合增加，建筑也应整合重组，根据功能不同，形成不同的建筑体系。满足内部居民及外来游客的需要。

新增功能分析

原有功能 + 新型人群 = 新型功能

传统胡同	+	参观游客	=	步行商街
仿古建筑	+	新消费者	=	沿海酒吧
大型古建	+	外来商人	=	文化展区
传统合院	+	手工艺者	=	创意文化
北京小吃	+	流动游客	=	流动商业

古迹　行政　学校
绿地　居住　商业
　　　娱乐

调研得到地块内各功能所占比例大致如图所示，居住所占比例较高，此外绿地较少，娱乐休闲所占比例较少。因此计划适量减少居住比例，拆除部分劣质院落开辟绿地，有计划增加商业部分。文物古迹、行政及学校基本不动。

古迹　行政　学校
绿地　居住　商业
　　　娱乐

原有商业功能中，酒吧餐饮及传统商业占绝大部分。产业结构比较单一，且散落在各个区域，没有形成系统。规划改造结合人群与位置对此种类进行扩展。增加创意文化、展览和表演等功能。

开放空间

针对居民区和非居民区采用两种方式引入绿地，追求人与自然有机结合。居民区内为散点式绿地，非居民区为连续绿带连接分散点，引水景入胡同，营造胡同内部与水体的积极关系，另外设置流水空间，营造良好亲水环境。

开放空间分析

规划在现代建筑附近滨水出设大片绿心，在胡同滨水区设置绿带与之相连。整个形成一个可步行的有机系统。放置的绿带将更有利于人们的亲水。

从乱到序——地块内开放空间分布杂乱分散，不成体系，计划将其按等级类型，以一个绿心联系起来。

从内到外——现有开放空间封闭性较强，与胡同、四合院联系不紧密。因此将打通空间，建起联系。

水、胡同、开敞空间——三者目前几乎处于分立状态，因此生长开放空间至水域处。首先将二者连接起来，再将水借由开放空间引入胡同，进一步发展。最终交融形成水、胡同、开敞空间共同体。

街巷空间体系

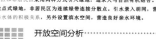

水、居住区、开放空间粗立独立

由开放空间想水引入绿带

由水向开放空间引入水系

进一步在居住区引入水街

水、居住区、开放空间粗互交融

线性连通型　半围合观赏型　半围合停留型　引导型

营造型滨水活动空间示意
街巷内部开放空间——此次规划街巷空间将分为四种类型。为方便人们通达，将采用线性连通型；对于改造的商业胡同将采用半围合观赏型，形成趣味三角内空间；居住区内各择个别院落形成开敞空间供居民及游客体验；分功能区采用引导型街巷体系。

线性连通型街巷空间主要用于胡同内部和外部交通，设计简单，通常用于通行。

半围合空间主要存在于胡同内部，属于私密性较好的开放空间，宜便于人们休憩交往。

半围合停留空间主要用于人们休息停留。

引导型空间则主要便于通行，引导人们前往其他空间。

成果导出

构 北京

多元的文化时空拼贴

完善的功能分区空间网格

有序的建筑肌理构成

创造新休闲空间

新商业文化空间

创造新体验空间

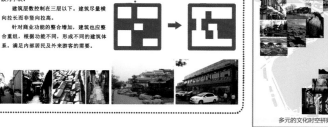

3 北京

Great Capital

The Protection Restoration and Renovation of the Historical Site in Beijing

解构·重塑——北京什刹海历史街区城市更新设计

结构层次分析

道路交通组织

+

建筑保护与改造

+

商业结构重构

+

公共开放空间

=

方案生成

图例

保留建筑
新建商业建筑
文化教育建筑
文物保护建筑
道路
步行路
绿化
水系

规划设计分析

本方案从什刹海历史街区的现状和周边环境情况出发，致力于重构和整合基地的传统特色空间，激活滨水空间在城市中的作用，规范和规划历史街区商圈，将现代都市生活融入历史街区，将亲水与生活相结合。

在固态空间上，修复历史街区道路肌理，恢复北方四合院传统名居形式；在产业功能上划分出历史文化区、传统居住区、水岸景观区、休闲娱乐区，引入传统文化展示区、创意文化等；在意态活动上，创造连续、丰富、有韵律感的城市滨水空间和区域内开放空间，向历史老城区引入现代都市新生活，同时凸显历史街区魅力，重塑街区活力，最终达到历史的保护和复苏、滨水与城市的和谐共处。

功能规划图

结构规划图

景观分析图

解构·重塑——北京什刹海历史街区城市更新设计

4 北京

The Protection Restoration and Renovation of the Historical Site in Beijing

设计意向

改大体量、低质量建筑为合适大小、功能丰富的建筑体系。注重传统建筑与现代建筑的结合，现代建筑尽量融入传统元素。

针对什刹海的现状，此次更新规划旨在充分利用环境资源，引水景入胡同，建立胡同与水域的积极关系；改原有单一散点式商业结构为与休憩、娱乐、购物、餐饮紧密结合的多功能商业带。

现代商业：半围合建筑围合出三个连续下沉广场，并与烟袋斜街及大石碑胡同相联系。

滨水广场：去掉一个四合院，在原地增加滨水开放空间，供游人及居民休憩。

滨水大道：建筑适当退后，让出宽敞步行道，增加草池、树木，拓宽视野，营造舒适滨水步行空间。

胡同水轴：连续水轴、树木、座椅沿轴布置，营造有胡同、连续水轴与最初方水岸相应。

在原有胡同中引入水、引入绿意，居住区域内部采用散点式绿化，尽量分布均匀，供居民内部使用；岸线周围采用连接绿带，在东侧放大节点，营造良好环境，提高亲水舒适度。

增加座椅、绿化、水景，改封闭式为有选择开放式，增强胡同活力，优化居民生活及有人游憩条件。

房屋设计意向

屋顶
+
屋体
+
院落
+
胞体
=

针对原有四合院落杂乱无序、胡同形态拥挤破败、屋顶散乱等状况进行改造。

解决私搭乱建问题，回归始院落整合房屋立面及屋顶，恢复四合院原始形态，引入阳光与绿化，增强胡同生活气息，同时增加吸引力。

设计要素简介

路径
最大限度保持原有道路肌理，大部分道路没有改变，小部分道路局部拓宽，个别位置开辟新路。在居民中心处开辟宽敞景观道，为周围居民及旅游人群提供休憩之处。路径由居民区中央延伸至河岸。

区域
将原有散乱分区归纳整合分为几大区块，并根据特有活力因子增加生成新功能区域，如老北京文化展示区，旨在丰富地块内容，激发文化气氛，使老胡同焕发新活力；对岸设置什刹海文化展示区与之遥相呼应。

节点
拆改胡同内部私搭乱建宅院落，开辟空地作为小尺度宜人空间节点，方便人们休息、聚集，较多引入水池、喷泉和绿地，以改善原本胡同内绿化稀少、户外活动空间稀缺的状况。胡同内节点尺度小、私密性好；外部节点尺度大，较开敞。

标志
系列标志性建筑群主要以特色产业等为主，采用四合院形态，颜色多以白、灰、红为主。建筑之间穿插搭接形成体系，空间感较为丰富，高度多超过8米，与周围四合院建筑融合，以达到新老建筑和谐相处。

边界
激发地块外围活力，同时加强内外联系，改变部分全封闭边界及院落，尽量使内边界与内部融合展开，体量、形式相呼应。边界以特色商业或休憩功能为主，将外部活力带入地块内，同时将地块特色发散到外部。

创意商业区：结合上方烟袋斜街，体量与造型尽量与之呼应，功能上以创意商业为主，展示与商业备。

滨水绿带：原有建筑整合退后，高度降低，前方开敞空间用于游憩，设有老北京文化展示区，展出京剧、皮影等文化。

入口广场：传统商业步行街两端的节点放大，布置水池、草池、座椅，半开敞空间方便人流的疏散与汇聚。

开敞空间：连接步行街与主干道，人流集散地，布置喷泉和树丛，兼备隐蔽和开敞空间，为人提供轻松休憩之地。

场景透视

增加了大量连续开敞空间，与通道一起形成韵律活动空间系列。同时，将水引入公共空间，加强了城市开放空间与水的积极关系。增加积极空间，增加平面及立面绿化，提供舒适、宜人的空间，营造欢乐氛围。

城乡规划06级

似水流年——基于安全模式的景山西片城市设计

陈笑凯 张 琬（优秀奖）

旧街新市——基于安全维度的景东社区规划设计

夏 雯 李 旸

舞动社区——以公共中心整治引领社区复兴

鲍艾艾 傅 微

任　务　书

1　选题背景

　　景山片区位于北京中轴线上，规划范围140.45公顷，重点保护区127.47公顷，建设控制区12.98公顷。景山片区位于北京25片历史文化保护区景山八片区保护范围，包括景山东街、景山西街、景山前街、景山后街、陟山门街、地安门内大街、文津街、五四大街8个历史文化保护区。该片区是皇城的重要组成部分，由元代的皇家御苑、明代的皇宫后勤服务供应衙署厂库和清代的居住地段逐渐演变而来。

　　景山片区内包含了北海公园、景山公园等著名景区，周边还有故宫、什刹海等景区，游客众多，尤其在节假日高峰期交通量很大。此外，场地内历史底蕴深厚，文物类建筑占9.6%，保护类建筑占34.39%，保留类建筑占16.66%，还有保留古树1139棵，其中挂牌古树1058棵。

　　景山片区内目前居住人口密度过大，不少房屋年久失修。此外，由于旅游业发展，大量外地服务人口涌入，流动人口众多。片区内的道路主要为胡同，街道空间狭窄，历史片区内环境拥挤，环境质量较差。

　　目前，北京历史文化街区保护规划实施陆续展开，主要是对片区内的一些点状和线状历史要素展开保护与更新工作，例如整修重点文物建筑大高玄殿和历史街区陟山门街环境整治，而整个历史片区的保护与更新工作则处于停滞状态。如何在城市历史文化街区的保护与更新中平衡保护与发展，在改善街区环境、提高居民生活质量的同时，消除街区内因道路狭窄、人口密度过大、流动人口过多、基础社设施老化而带来的历史街区发展的不安全因素是值得探讨的问题。

　　以此为契机，围绕"城市的安全、规划的基点"主题，本次课程将景山西片区作为设计对象，让学生积极地参与当前城市历史地段更新热点问题讨论，掌握历史地段设计的理论、方法，了解政府、公众、设计单位在规划设计中的角色、作用，促进学生专业素质全面发展。

2　规划设计范围

　　景山西片位于北京中轴线西侧，东临景山公园，西侧紧靠北海公园，南与故宫神武门隔街相望，北侧紧邻平安大街，场地内有历史街区陟山门街和国家重点文物

图1　规划设计范围

大高玄殿，属于景山八片保护街区的范围。本次城市设计课程设计地段选择的原则是以城市安全为主题，在保证历史街区原有肌理和地块完整性的同时，结合历史地段保护与更新中历史、文化、社会价值、土地权属、安全等因素综合考虑。

本课程选取景山西片历史街区 26.2 公顷地块，作为规划设计范围（图 1）。

3 设计思路要求

城市历史地段更新不仅针对物质空间改造需求，同时探索城市社会问题解决途径。在保持原有风貌的基础上，增强对城市地段改造的理解和感悟，以局部更新、整体改造的包容性思路，因地制宜地更新基础设施，改造原有建筑，引导城市发展与经济、社会发展重新走向协调新状态。

本次课程设计思路延续上位规划对设计地段提出的更新定位和设计要求。

4 设计任务要求

（1）历史街区改造要求消除街区内不安全因素，在保留并合理利用街区内老建筑的同时，提高街巷和胡同空间的可达性，保留街巷的肌理，保护地块文脉。

（2）城市中心区的历史地段更新要求保持现有整体空间格局，优化公共空间及公共环境，营造尺度宜人、具有特色的公共活动场所。

（3）对现有建筑，根据其价值进行保护、改造或重建，保护历史地段特色风貌，实现传统与现代、创新与传承的共生。

（4）挖掘和复兴历史地段地区核心文化，延续历史文脉，同时注入现代功能，引入多种业态，激活地区功能。

5 设计成果要求

成果内容应包括四部分：规划地段现状分析；规划策略阐释；规划方案表达；效果图、分析图和节点放大图等展示。

图纸要求：A1 图纸 4 张。

似水流年——基于安全模式的景山西片城市设计

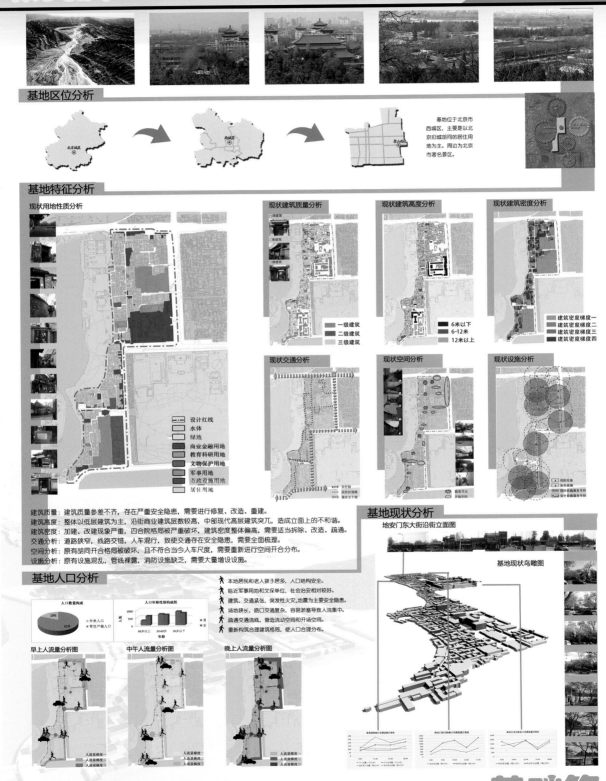

基地区位分析

基地位于北京市西城区，主要是以北京旧城胡同的居住用地为主。周边为北京市著名景区。

基地特征分析

现状用地性质分析

设计红线
水体
绿地
商业金融用地
教育科研用地
文物保护用地
军事用地
市政设施用地
居住用地

现状建筑质量分析

一级建筑
二级建筑
三级建筑

现状建筑高度分析

6米以下
6-12米
12米以上

现状建筑密度分析

建筑密度梯度一
建筑密度梯度二
建筑密度梯度三
建筑密度梯度四

现状交通分析

现状空间分析

现状设施分析

建筑质量：建筑质量参差不齐，存在严重安全隐患，需要进行修复、改造、重建。
建筑高度：整体以低层建筑为主，沿街商业建筑层数较高，中部现代高层建筑突兀，造成立面上的不和谐。
建筑密度：加建、改建现象严重，四合院格局被严重破坏，建筑密度整体偏高，需要适当拆除、改造、疏通。
交通分析：道路狭窄，线路交错，人车混行，致使交通存在安全隐患，需要全面梳理。
空间分析：原有胡同开合格局被破坏，且不符合当今人车尺度，需要重新进行空间开合分布。
设施分析：原有设施混乱，管线裸露，消防设施缺乏，需要大量增设设施。

基地现状分析

地安门东大街沿街立面图

基地现状鸟瞰图

基地人口分析

人口数量构成
人口年龄性别构成图

本地居民和老人孩子居多，人口结构安全。
临近军事用地和文保单位，社会治安相对较好。
建筑、交通紧张，突发性火灾、地震为主要安全隐患。
场地狭长，路口交通复杂，容易淤塞导致人流集中。
疏通交通流线，营造流动空间和开场空间。
重新构筑合理建筑格局，使人口合理分布。

早上人流量分析图

中午人流量分析图

晚上人流量分析图

似水流年——基于安全模式的景山西片城市设计

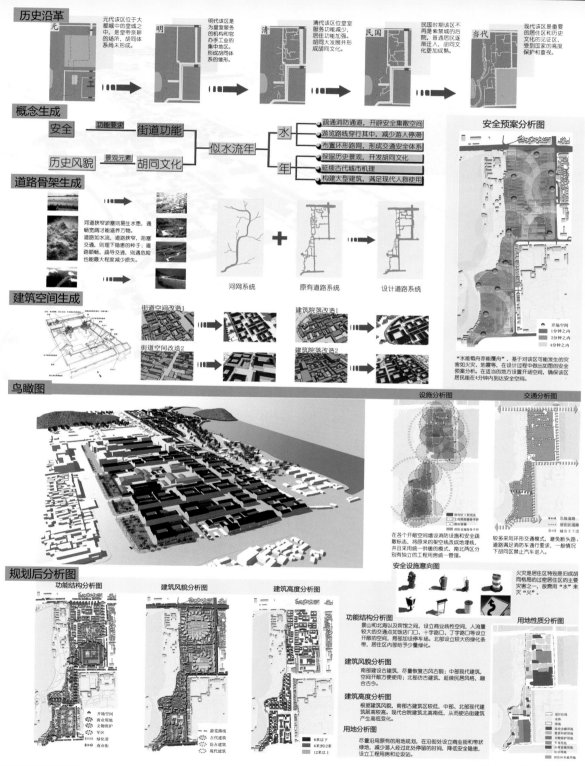

历史沿革

元代该区位于大都城中的皇城之中，是皇帝亲耕的场所，胡同体系尚未形成。

明代该区是为皇室服务的机构和官办手工业的集中地区，形成胡同体系的雏形。

清代该区位皇室服务功能减少，居住功能加强。胡同大发展并形成胡同文化。

民国时期该区不再是紫禁城的后院，普通居民逐渐迁入，胡同文化更加成熟。

现代该区是重要的居住区和历史文化的见证区，受到国家的高度保护和重视。

概念生成

安全 → 功能要求 → 街道功能
历史风貌 → 景观元素 → 胡同文化
→ 似水流年

水：
- 疏通消防通道，开辟安全集散空间
- 游览路线穿行其中，减少游人停滞
- 布置环形路网，形成交通安全体系

年：
- 保留历史景观，开发胡同文化
- 延续古代城市机理
- 构建大型建筑，满足现代人群使用

安全预案分析图

开场空间
1分钟之内
2分钟之内
4分钟之内

"水能载舟亦能覆舟"，基于对该区可能发生的灾害如火灾、地震等，在设计过程中做出如图的安全预案分析。在适当的地方设置开场空间，确保该区居民能在4分钟内到达安全空间。

道路骨架生成

河道狭窄淤塞则易生水患，通畅宽阔则能滋养万物。道路如水流，道路狭窄，阻塞交通，则埋下隐患的种子；道路顺畅，疏导交通，则遇急险也能最大程度减少损失。

河网系统 + 原有道路系统 → 设计道路系统

建筑空间生成

街道空间改造1
街道空间改造2
建筑院落改造1
建筑院落改造2

鸟瞰图

设施分析图

在各个开敞空间增设消防设施和安全疏散标志，将原来的架空线改成地埋线，并且采用统一供暖的模式，南北两区分别有独立的工程用房统一管理。

交通分析图

较多采用环形交通模式，避免断头路，道路满足消防车通行要求，一般情况下胡同里禁止汽车进入。

安全设施意向图

火灾是居住区特别是旧成胡同格局的过密居住区的主要灾害之一，故需用"水"来灭"火"。

规划后分析图

功能结构分析图

开场空间
商业用地
文物保护
绿化带
商业街

景山和北海以及宾馆之间，设立商业线性空间，人流量较大的交通点如饭店门口、十字路口、丁字路口等设立开敞的空间，局部加设停车场。北部设立较大的绿化条带，居住区内部给予少量绿化。

建筑风貌分析图

游览路线
古代建筑
仿古建筑
现代建筑

南部建设古建筑，尽量恢复古风古貌；中部现代建筑，空间开敞方便使用；北部仿古建筑，延续民居风格，融合古今。

建筑高度分析图

6米以下
6米到12米
12米以上

根据建筑风貌，南部古建筑区较低，中部、北部现代建筑屋高较高。现代台阶建筑北高南低，从而使沿街建筑产生高低变化。

用地性质分析图

尽量沿用原有的用地规划，在沿街处设立商业街和带状绿地，减少游人经过此处停留的时间，降低安全隐患。设立工程用房和垃圾站。

似水流年———基于安全模式的景山西片城市设计

节点设计

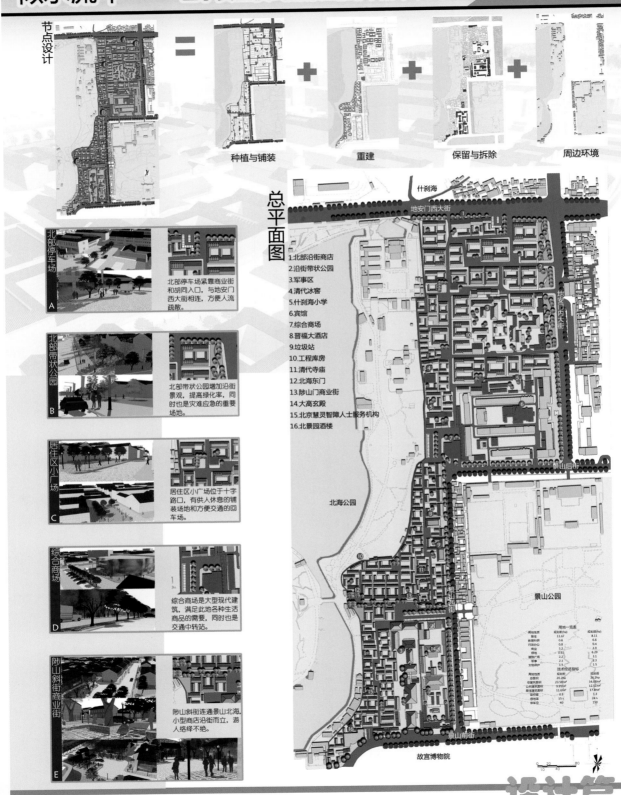

= 种植与铺装 **+** 重建 **+** 保留与拆除 **+** 周边环境

总平面图

A 北部停车场
北部停车场紧靠商业街和胡同入口，与地安门西大街相连，方便人流疏散。

B 北部带状公园
北部带状公园增加沿街景观，提高绿化率，同时也是灾难应急的重要场地。

C 居住区小广场
居住区小广场位于十字路口，有供人休息的铺装场地和方便交通的回车场。

D 综合商场
综合商场是大型现代建筑，满足此地各种生活商品的需要，同时也是交通中转站。

E 防山斜街商业街
防山斜街连通景山北海，小型商店沿街而立，游人络绎不绝。

什刹海
地安门西大街

1.北部沿街商店
2.沿街带状公园
3.军事区
4.清代冰窖
5.什刹海小学
6.宾馆
7.综合商场
8.晋福大酒店
9.垃圾站
10.工程库房
11.清代寺庙
12.北海东门
13.陟山门商业街
14.大高玄殿
15.北京慧灵智障人士服务机构
16.北景园酒楼

地安门内大街

北海公园

景山公园

景山前街

故宫博物院

03 城市中心区安全设计

设计篇

似水流年——基于安全模式的景山西片城市设计

鸟瞰图

景山西区胡同文化区改造，延续历史形成的城市肌理，保留老北京城特有的胡同文化。

结合当地居民的安全生活功能要求，以流动的主题贯穿始终，给居民提供一个安全的生活环境，实现历史老街区的现代化。

北区鸟瞰图

北区是居民分布最集中的地区，一改原地区空间狭小、道路堵塞的情况。

中区鸟瞰图

中区沿景山西街的商业满足游客的购物餐饮需求，内部重建后以宽敞的四合院为主。

宾馆区鸟瞰图

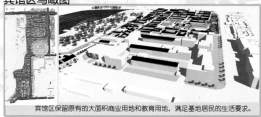

宾馆区保留原有的大面积商业用地和教育用地，满足基地居民的生活要求。

南区鸟瞰图

南区保留了较多原有城市肌理，"逛胡同"成为外来游客的主要活动。

商业街立面图

景山西街立面

陟山斜街立面

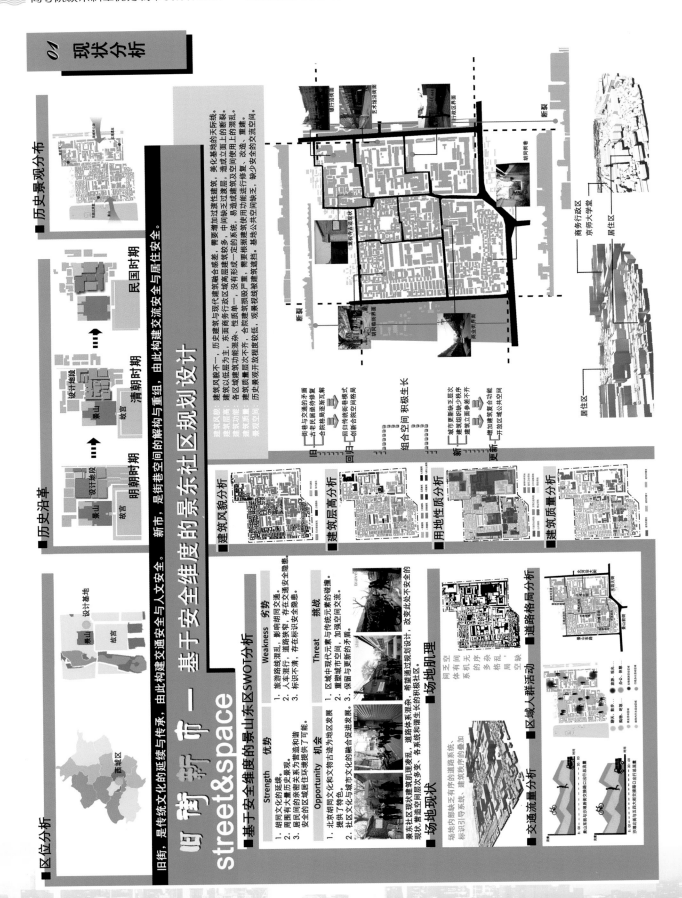

02 方案构思

旧街新市——基于安全维度的景东社区规划设计
street&space

旧街，是传统文化的延续与传承，由此构建交通安全与人本安全。新市，是街巷空间的解构与重组，由此构建交通安全与流安全与居住安全。

■概念生成

■思维体系

■历史人文景观的回归

■道路格局的安全

■街巷空间的安全

■胡同文化

地区原有标识系统

城市标识系统的完善

建筑风貌的整治

地区现存活力点

城市活力点的制造

建筑性质的复合

更新

整合

03 规划布局

旧街 新市 — 基于安全维度的景东社区规划设计
街市 street&space

旧街，是传统文化的延续与传承，是街巷空间的解构与重组，由此构建交通安全与居住安全。
新市，是街巷空间的解构与重组，由此构建交通安全与居住安全。

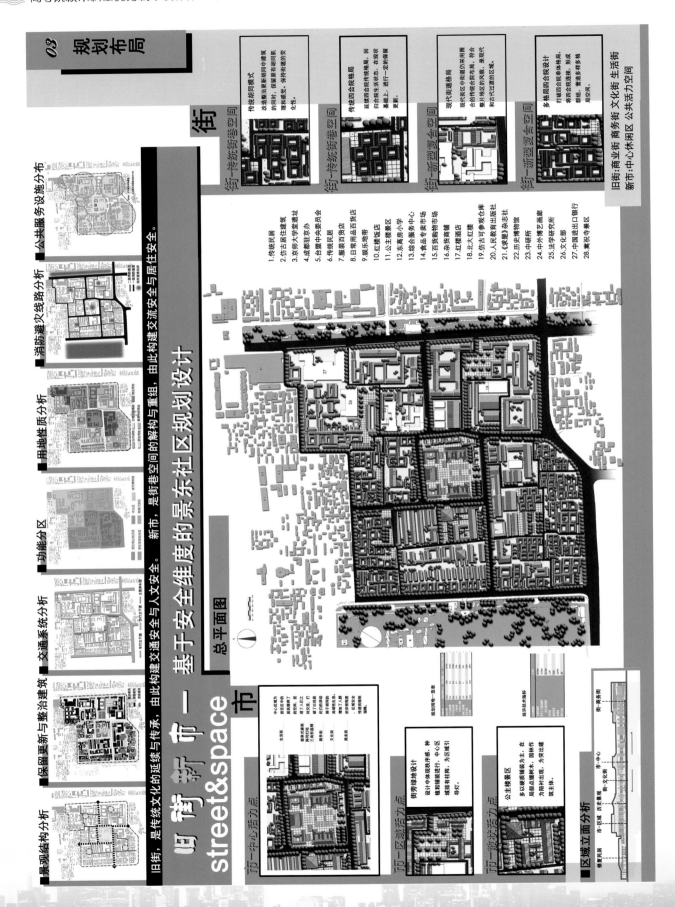

街—传统街造空间
传统胡同模式
改造整治新胡同中建筑的同时，保留原有胡同风理和肌理，保持街道巷的空性。

街—传统街巷空间
传统四合院格局
延建四合院传统格局，回归合院生活状态。在现状基础上，进行一定的保留更新。

街—新型复合空间
现代街道格局
现代街区中和谐巷的采用合的传统院落布局，符合整片地区院落风格，是现代和古代过渡界区域。

街—新型复合空间
多格局四合院设计
打破四合院单体格局，将四合院连接，形成群组，营造多样活力空间。

旧街：商业街 商务街 文化街 生活街
新市：中心休闲区 公共活力空间

总平面图

1. 传统民居
2. 仿古居住建筑
3. 京师大学堂选址
4. 成都驻京办
5. 台盟中央委员会
6. 传统民居
7. 服装首饰店
8. 日用品百货店
9. 娱乐地带
10. 红楼饭店
11. 公主楼景区
12. 东高房小学
13. 综合服务中心
14. 食品专卖市场
15. 百货购物市场
16. 杂货商铺
17. 红楼酒店
18. 北大红楼
19. 仿古可拳观仓库
20. 人民教育出版社
21. 《求是》杂志社
22. 历史博物馆
23. 中研所
24. 中外博艺画廊
25. 法学研究所
26. 文化部
27. 中国进出口银行
28. 慕观寺景区

市—中心活力点

市—区域活力点
街旁绿地设计
设计中央现状序感，种植和铺装依进行，中心区域地带绿起树木，为区域引导灯。

市—新兴活力点
公共楼景设计
多以硬质铺装为主，在局部点缀树木、园林种为荫荫出现。为划出建筑主体。

区域立面分析

景观结构分析 | 保留更新与整治建筑 | 公共服务设施分布
消防避灾线路分析
用地性质分析
功能分区
交通系统分析

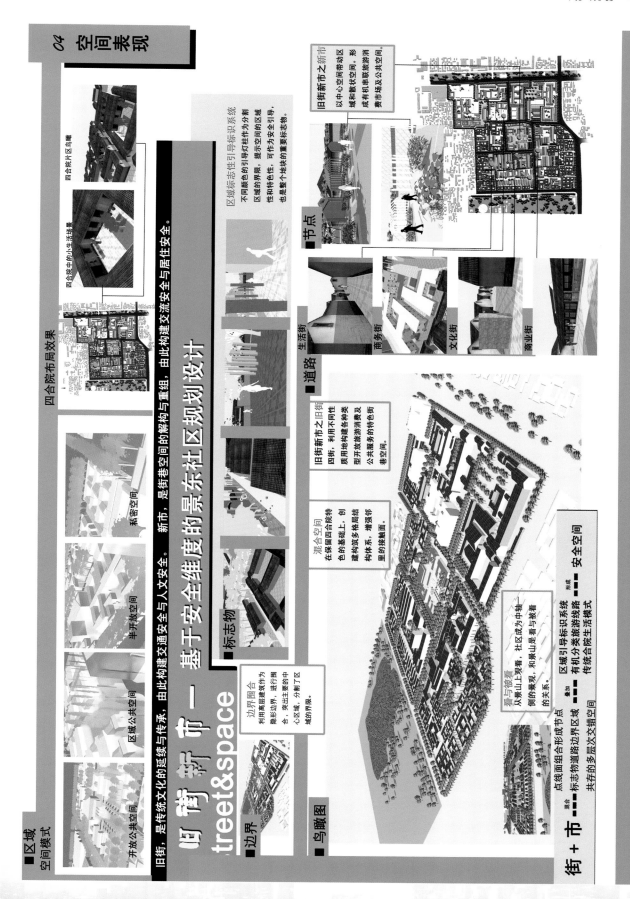

04 空间表现

■区域
空间模式

四合院布局效果

四合院片区鸟瞰

四合院中的小生活场景

区域公共空间

私密空间

半开放空间

开放公共空间

旧街 新市 —— 基于安全维度的景东社区规划设计
treet&space

旧街，是传统文化的延续与传承，由此构建交通安全与人文安全。新市，是街巷空间的解构与重组，由此构建交流安全与居住安全。

■标志物

区域标志性引导标识系统
不同颜色的引导灯柱作为分割区域的界限，提示空间的区域性和特色性，可作为安全引导，也是整个地块的重要标志物。

■边界

边界围合
利用高层建筑作为隐形边界，进行围合，突出主要的中心区域，分割了区域的界限。

■节点

旧街新市之新市
以中心空间带动区域和散状空间，形成有机串联旅游消费市场及公共空间。

■道路

生活街

商务街

文化街

商业街

■鸟瞰图

旧街新市之旧街
四街，利用地块不同性质地构建各种类型开放旅游消费及公共服务的特色街巷空间。

混合空间
在保留四合院特色的基础上，创建筑类多格局结构体系，增强邻里的接触面。

区域引导标识系统
看与被看，社区成为中轴一侧的景观，和景山是看与被看的关系。

点线面组合形成节点 区域引导标识系统 叠加 有机分类旅游线路 形成 传统四合院生活模式

街 + 市

点线面组合形成节点 ---- 标志物道路边界区域 共构的多层次文雅空间

混合 ---- 安全空间

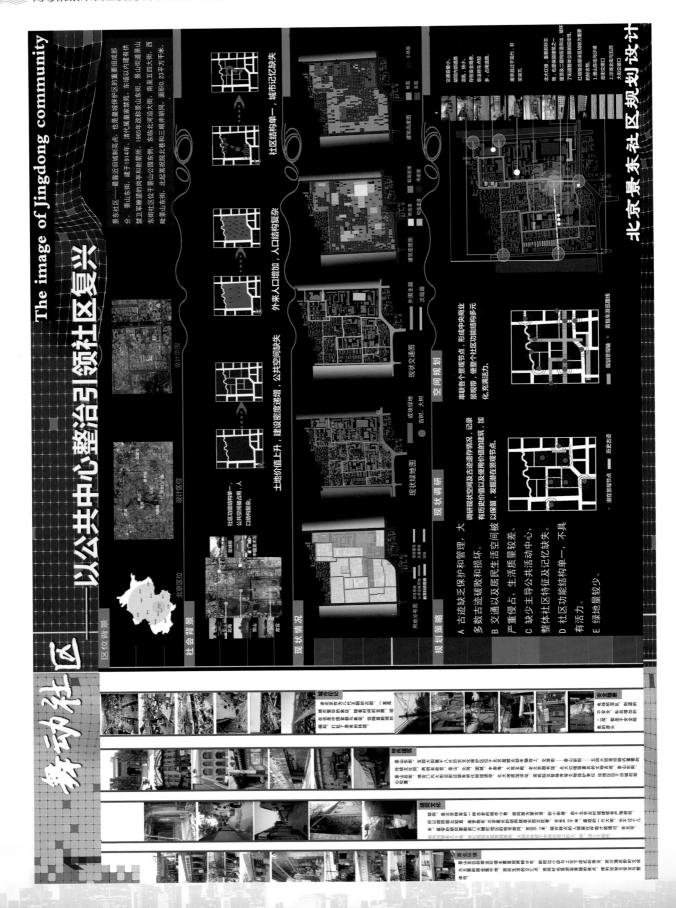

The image of Jingdong community

律动社区

以公共中心整治引领社区复兴

北京景东社区规划设计

区位背景

社会背景

现状情况

规划调研

空间规划

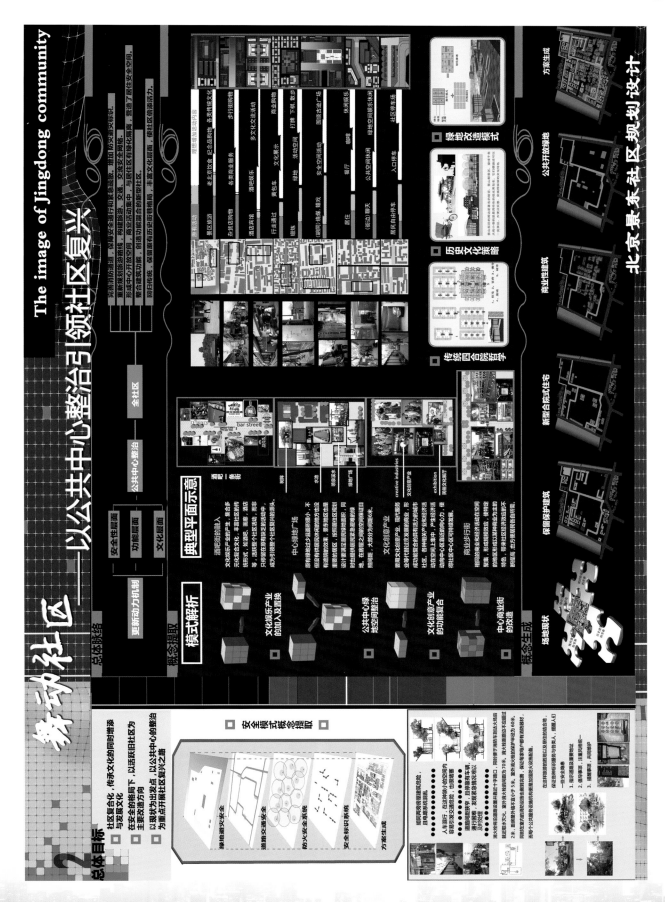

The image of Jingdong community

律动社区——以公共中心整治引领社区复兴

北京景东社区规划设计

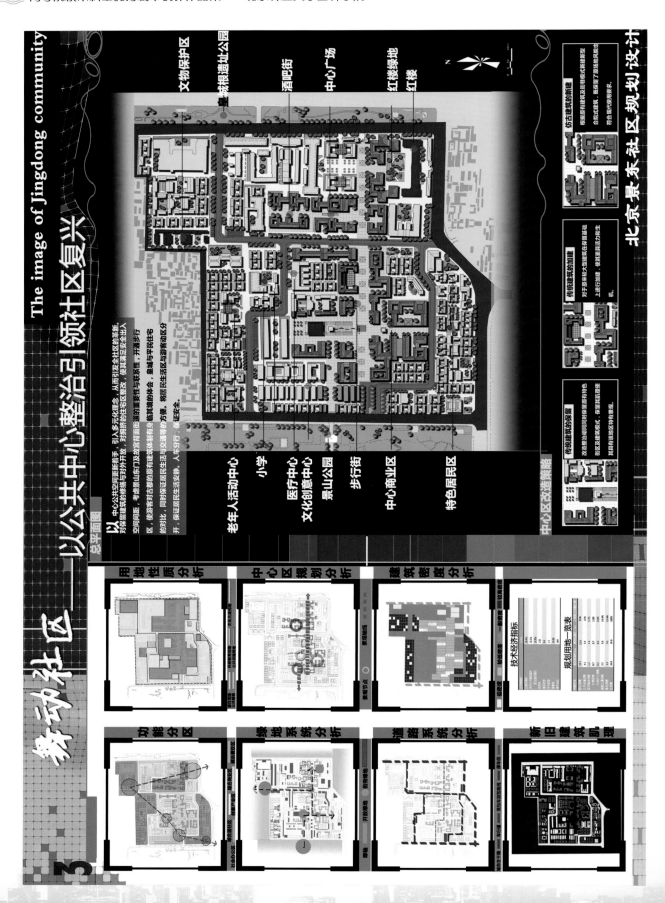

The image of Jingdong community

以公共中心整治引领社区复兴

舞动社区

北京景东社区规划设计